WITH CONTENT FROM
OXFORD
UNIVERSITY PRESS

牛津
趣味阶梯
数学

[澳] 安妮·费辛尼蒂 / 著　　拾伍素养 / 译

海豚出版社
DOLPHIN BOOKS
CICG 中国国际传播集团

图书在版编目（CIP）数据

牛津趣味阶梯数学. 3 / （澳）安妮·费辛尼蒂著；
拾伍素养译. -- 北京：海豚出版社，2023.4（2023.6重印）
ISBN 978-7-5110-6297-0

Ⅰ．①牛… Ⅱ．①安… ②拾… Ⅲ．①数学－儿童读
物 Ⅳ．①O1-49

中国国家版本馆CIP数据核字(2023)第032485号

著作权合同登记号：图字01-2022-4717

Oxford Mathematics Primay Years Programme 3
Originally published in Australia by Oxford University Press, Level 8, 737 Bourke Street,
Docklands, Victoria 3008, Australia © Oxford University Press 2019
This adaption edition is published by arrangement with Dolphin Media Co.,Ltd for
distribution in the mainland of China only and not for export therefrom

Copyright © Oxford University Press (China) Ltd and Dolphin Media Co.,Ltd 2023

本书简体中文版版权经Oxford University Press授予海豚传媒股份有限公司，
由海豚出版社独家出版。

牛津趣味阶梯数学 3

[澳] 安妮·费辛尼蒂 / 著　　拾伍素养 / 译

出 版 人：王　磊
责任编辑：张国良　杨文建
特约编辑：方云宝　马瑞芬
封面设计：钮　灵
版式设计：魏嘉奇
责任印制：于浩杰　蔡　丽
法律顾问：中咨律师事务所　殷斌律师

出　　版：海豚出版社
地　　址：北京市西城区百万庄大街24号
邮　　编：100037
电　　话：027-87396822（销售）　010-68996147（总编室）
传　　真：010-68996147
印　　刷：深圳市福圣印刷有限公司
经　　销：全国新华书店及各大网络书店
开　　本：16开（889mm×1194mm）
印　　张：9.5
字　　数：118千
印　　数：12301-19300
版　　次：2023年4月第1版　2023年6月第2次印刷
标准书号：ISBN 978-7-5110-6297-0
定　　价：55.00元

致家长

"牛津趣味阶梯数学"系列共7册，是一套适合幼小衔接、小学1~6年级孩子的数学学习材料。这套全面、科学、有趣的数学书，以国际数学体系为标，先进思维提升方法为本，助力孩子成为数学真"学霸"。

《牛津趣味阶梯数学K》是专为幼小衔接阶段的孩子设计的。本书结合该年龄段孩子的认知水平和认知能力，通过趣味性数学问题，引导孩子认识数字、序数、基本图形、简单方位、测量单位等，带领孩子实现从具象思维到抽象思维的过渡，引导孩子关注生活中的数学现象，初步感知数学的魅力。

《牛津趣味阶梯数学1》至《牛津趣味阶梯数学6》是专为小学1~6年级孩子设计的。内容全面，涵盖数与代数、图形与几何、统计与概率等基础知识；设置生活中常见的数学问题，引发孩子积极探索，主动思考；通过层层递进的环节设置，引导孩子走进真实的数学世界，让孩子了解更多数学知识，并能运用数学知识应对生活中的数学问题。

这套书的原版来自牛津大学出版社，所以在组稿的过程中，会面临一些内容不符国情的问题，秉持着严谨治学的态度，我们认真对比国内小学数学教材，对其进行了一些本土化的工作，以便它更易于中国的孩子使用。与此同时，我们也贯彻开放兼容的思想，保留了一些能开拓我们孩子思维，有借鉴意义的内容，供孩子们选择性使用。

总的来说，本套书以培养孩子的数学能力为目的，体系清晰、内容全面，并易于使用。共包含三大数学模块、十大关键主题、二百余知识点，涵盖小学阶段数学学习的大部分内容。在每一个小节会提供"教、学、练、用"环节：

- ◆ 讲解教学——例题讲解，为孩子精准解析知识要点；
- ◆ 趣味学习——循序渐进，帮孩子有序厘清解题思路；
- ◆ 独立练习——即学即用，让孩子独立应对数学问题；
- ◆ 拓展运用——举一反三，助孩子灵活运用所学知识。

90克厚纸
耐擦、不透墨

米黄护眼纸
防近视

译者序

这是一套能帮助孩子自主学好数学的工具书。

为什么要学数学？因为数学是一门教会人思考的学科。大家都知道学好数学很重要，可是很多家长以为，想学好数学就要"刷题"。他们似乎觉得，只要让孩子投入无边无际的题海中，总有一天，孩子就可以从深海中扑腾扑腾地游上岸。

这是不对的。

科学的数学学习方法，应该能让孩子学会深入思考，从而不断提升其逻辑思维能力、理解能力以及解决问题的能力。

很多练习册让孩子在"刷题"中"学会"了某个知识点，但充其量他们只是机械地"会了"。真正的学会应该是完成分析、理解、内化和建构整个过程。"牛津趣味阶梯数学"的知识体系为孩子们提供的正是这个过程。很幸运，我们能接触并翻译这套与众不同的数学学习材料。

加减乘除的运算，是每套数学材料都会讲到的知识点。这套书中当然也有，它讲到了这些方法：凑整十数法、拆分法、补偿法、数轴法、相同数法、点阵图法、估算法……可能有人会疑惑，直接用竖式计算加减乘除多简单，为什么要用这么多方法来讲解？因为数学的本质是要引导孩子从不同维度来思考问题。以"拆分法"为例，斯坦福大学教授乔·博勒之说过，拆数字是他迄今为止所知道的，教授孩子们数感和数学常识的最好的方法。什么是拆数字？怎么拆数字？举个例子，计算70-32没有计算70-30容易，那么就可以把70-32看作70-30-2，这是拆数字。24×15可以进行拆分，变成24×（10+5）=24×10+24×5，这也是拆数字。这样的练习过程就是带着孩子在拆解数字的过程中提升数感，实现其从具象思维向抽象思维的转变。

数学思维进阶还有一个重要的环节，就是从常数思维跨越到变量思维。在面对大量的数据时，会运用变量思维解决数学问题是很重要的能力。这套书贯彻的方法是，先观察积累，再梳理思考过程，最后才解决问题。这套书中强调的占比问题、比例和比率、数据分析整理，都是在帮助孩子逐步掌握灵活的变量思维。

好的数学学习材料，不应该只是题量的堆砌，而应该是在螺旋式上升的知识体系中，通过"教、学、练、用"的学习环节，提升孩子的学习能力。这套书，做到了！

拾伍素养

牛津趣味阶梯数学

目 录

5367可以表示为：

你能想到其他表示5367的方法吗？

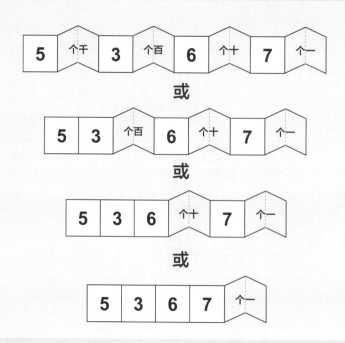

趣味学习

以展开的形式写出以下数字。

a　2431

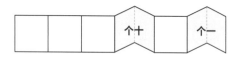

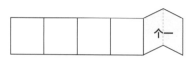

b　8276

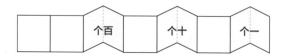

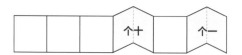

按要求写一写。

1 读作：

a 4568 _____

_____

_____

b 8043 _____

_____

_____

c 7109 _____

_____

_____

2 将第1题中的数写在数位表里。

千位	百位	十位	个位

数的读法与数位表有什么关联呢？

3 看图写数。

a

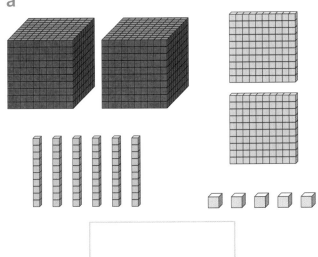

b

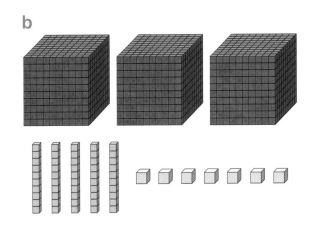

4 把下面表格中的人数按照从多到少的顺序排列。

参与人数最多的世界纪录

事件序号	事件	人数	事件序号	人数
1	真人装扮蓝精灵	4891		
2	最长的大河之舞	1693		
3	最长的泰国舞	5255		
4	最长的雨伞舞	1688		
5	最长的狮子舞	3971		
6	最大的稻草人展览	3812		

5 用1，7，8和0组成的最大的数是几？填在下面空格中。

6 用第5题中的数来算一算。

a　比它多 10：

b　比它少 10：

c　比它多 20：

d　比它少 20：

e　比它多 100：

f　比它少 100：

g　比它多 200：

h　比它少 200：

i　比它多 1000：

j　比它少 1000：

7 写出用3，8，2，3组成的最小的四位数。

1 把数展开，并把各部分相加。

a 3790 =

| 个千 | 个百 | 个十 | 个一 |

3790 = ☐ + ☐ + ☐ + ☐

b 8052 =

| | 个百 | 个十 | 个一 |

8052 = ☐ + ☐ + ☐

c 24160 =

| | 个千 | 个百 | 个一 |

24160 = ☐ + ☐ + ☐

---

2 按要求圈出正确的答案。

a "4"表示的数值最大。   3472   6324   4012

b "9"表示的数值最小。   6889   3914   1900

c "1"表示的数值最大。   5217   1024   9199

d "5"表示的数值最小。   19875   2536   6851

---

3 a 写出7在十位上的最大四位数和最小四位数。

☐☐☐☐   ☐☐☐☐

b 写出4在百位上的最大四位数和最小四位数。

☐☐☐☐   ☐☐☐☐

两个两个分成一组时，偶数可以刚好被分完。

8

两个两个分成一组时，奇数不能被分完。

7

什么是奇数？奇数这个词还有其他表述方法吗？

趣味学习

两个一组圈一圈，判断总数是奇数还是偶数，给正确的答案涂色。

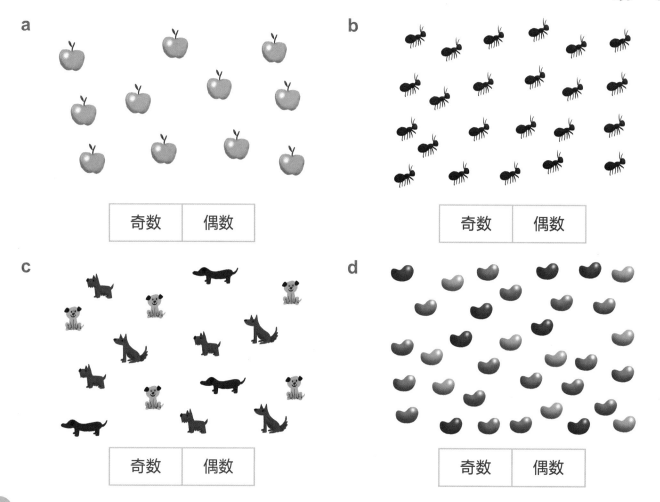

a

奇数	偶数

b

奇数	偶数

c

奇数	偶数

d

奇数	偶数

1 在十格阵上画一画，并且判断下列各数是奇数还是偶数，选出正确的答案。

a 17

奇数
偶数

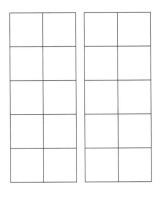

b 26

奇数
偶数

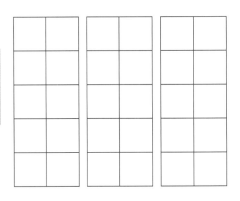

c 28

奇数
偶数

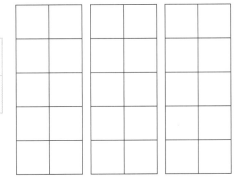

d 14

奇数
偶数

e 25

奇数
偶数

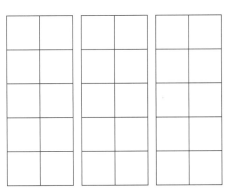

f 15

奇数
偶数

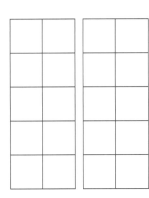

2 按照规律填空。

a 奇数：

21		25	27		33		

b 偶数：

44	46			52		58	

c 偶数：

20	24	28			40		52

3 观察下表，做一做。

31	32	33	34	35	36	37	38	39	40
41	42	43	44	45	46	47	48	49	50
51	52	53	54	55	56	57	58	59	60

a 用红笔圈出所有的偶数。

b 用蓝笔圈出所有的奇数。

c 偶数的个位数可以是几?

你可以根据数位表中的哪一列来判断一个数是奇数还是偶数?

d 奇数的个位数可以是几?

4 把数写在正确的区域内。

奇数	偶数

76   143   258

103   575   1974

1361   3870   5002

867   9998   9999

5 奇数还是偶数?

a 一只手的手指数：_____

b 两只手的手指数：_____

c 一辆小汽车的轮子数：_____

d 两辆小汽车的轮子数：_____

1 将每组的两个偶数相加。

a   6 + 2 = ☐

b   14 + 10 = ☐

c   28 + 8 = ☐

d   所有的答案都是 | 奇数 | 偶数 |

2 将每组的两个奇数相加。

a   5 + 3 = ☐

b   11 + 17 = ☐

c   21 + 9 = ☐

d   所有的答案都是 | 奇数 | 偶数 |

3 将每组的一个偶数和一个奇数相加。

a   4 + 5 = ☐

b   12 + 15 = ☐

c   20 + 19 = ☐

d   所有的答案都是 | 奇数 | 偶数 |

4 将每组的一个奇数和一个偶数相加。

a   5 + 6 = ☐

b   17 + 10 = ☐

c   23 + 14 = ☐

d   所有的答案都是 | 奇数 | 偶数 |

5 答案是奇数还是偶数？

a   24 + 56 | 奇数 | 偶数 | b   45 + 38 | 奇数 | 偶数 |

c   72 + 93 | 奇数 | 偶数 | d   88 + 66 | 奇数 | 偶数 |

e   97 + 75 | 奇数 | 偶数 | f   51 + 94 | 奇数 | 偶数 |

1.3 加法口算

一位数加法可以帮助你计算大数加法。

如果已知：
6 + 3 = 9

你就知道：
16 + 3 = 19

或：
6 + 13 = 19

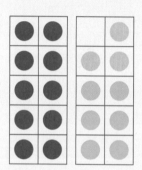
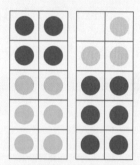

16 + 13的结果
是多少？

趣味学习

写出答案。

a　4 + 3 = ☐　　　　14 + 3 = ☐

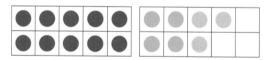

b　2 + 6 = ☐　　　　12 + 6 = ☐

c　8 + 2 = ☐　　　　8 + 12 = ☐

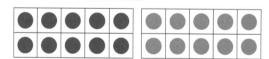

d　4 + 1 = ☐　　　　24 + 1 = ☐

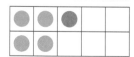
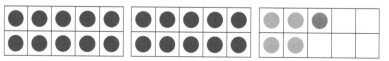

1 借助一位数加法计算大数加法。

a   2 + 7 = [   ]   22 + 7 = [   ]

b   5 + 3 = [   ]   5 + 13 = [   ]

c   2 + 4 = [   ]   12 + 14 = [   ]

d   1 + 8 = [   ]   31 + 8 = [   ]

e   6 + 4 = [   ]   6 + 34 = [   ]

你还会用其他的加法技巧吗？

2 借助一位相同数加法计算大相同数加法。

a   已知 3 + 3 = 6，那么 30 + 30 = [   ]。

b   已知 4 + 4 = [   ]，那么 40 + 40 = [   ]。

c   已知 5 + 5 = [   ]，那么 50 + 50 = [   ]。

d   已知 2 + 2 = [   ]，那么 [   ] + [   ] = 40。

e   已知 8 + 8 = [   ]，那么 [   ] + [   ] = 160。

f   已知 1 + 1 = [   ]，那么 100 + 100 = [   ]。

g   已知 6 + 6 = [   ]，那么 600 + 600 = [   ]。

h   已知 7 + 7 = [   ]，那么 700 + 700 = [   ]。

3 把数的十位和个位拆分，分别相加*。

a 23 + 12 = | 30 | + | 5 | = | |

b 26 + 31 = [ ] + [ ] = [ ]

c 45 + 42 = [ ] + [ ] = [ ]

d 34 + 55 = [ ] + [ ] = [ ]

e 43 + 27 = [ ] + [ ] = [ ]

> 当你做加法口算的时候，先把两个数字的和凑整10，再计算就容易多了。

4 重新排列下列数，使加法计算更容易。

a 6 + 7 + 4 = | 6 | + | 4 | + | 7 | = [ ]

b 5 + 4 + 25 = [ ] + [ ] + [ ] = [ ]

c 17 + 2 + 4 + 3 = [ ] + [ ] + [ ] + [ ] = [ ]

d 3 + 11 + 2 + 19 = [ ] + [ ] + [ ] + [ ] = [ ]

5 选择任意一种口算方法来计算下列各题。

a 90 + 90 = [ ]   b 46 + 52 = [ ]

c 4 + 37 = [ ]   d 17 + 8 + 3 + 12 = [ ]

e 21 + 68 = [ ]   f 500 + 500 = [ ]

g 61 + 17 = [ ]   h 14 + 30 + 6 = [ ]

* 本质为拆数字，可作为一种思维拓展方法，供孩子选择性使用。

下面的表格显示了游乐园里每小时玩以下项目的人数。

项目	过山车	旋转木马	大滑梯	飞天章鱼	摩天轮	大茶杯	大瀑布	碰碰车
人数	23	8	7	54	135	12	39	221

1 计算玩下列项目的总人数。

a 旋转木马、大滑梯和大茶杯： ☐ + ☐ + ☐ = ☐

b 大滑梯、大茶杯和过山车： ☐ + ☐ + ☐ = ☐

c 旋转木马、碰碰车和大瀑布： ☐ + ☐ + ☐ = ☐

2 根据上面的表格，求出玩下列项目的总人数。

a 飞天章鱼和大瀑布：

☐ + ☐ = ☐

b 碰碰车和过山车：

☐ + ☐ = ☐

c 摩天轮和飞天章鱼：
☐ + ☐ = ☐

d 碰碰车和摩天轮：

☐ + ☐ = ☐

e 过山车、旋转木马、大茶杯和大滑梯：
☐ + ☐ + ☐ + ☐ = ☐

加法中的跳跃计算法

一般从大数开始，先加几个10，再加几个1。

22 + 23

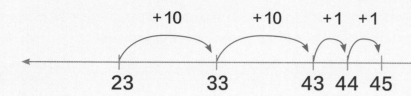

趣味学习

如果你要把两个三位数相加，你会从哪位数开始？

用跳跃计算法来计算。

a   16 + 21 = ☐

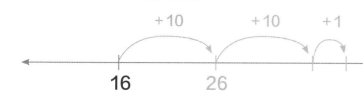

b   35 + 24 = ☐

c   146 + 33 = ☐

用跳跃计算法来计算。

a   72 + 25 = ☐

⟵————————————————————⟶

b   112 + 57 = ☐

⟵————————————————————⟶

c   231 + 63 = ☐

⟵————————————————————⟶

d   320 + 41 = ☐

⟵————————————————————⟶

e   25 + 414 = ☐

⟵————————————————————⟶

加法竖式

125 + 273

先算个位

百位	十位	个位
1	2	5
+ 2	7	3
		8

再算十位

百位	十位	个位
1	2	5
+ 2	7	3
	9	8

最后算百位

百位	十位	个位
1	2	5
+ 2	7	3
3	9	8

趣味学习

从个位开始计算。

a

百位	十位	个位
	4	4
+	5	2

b

百位	十位	个位
1	0	1
+	6	7

c

百位	十位	个位
2	5	3
+ 1	3	4

d

百位	十位	个位
4	1	0
+ 3	3	6

e

百位	十位	个位
6	3	7
+ 2	4	2

f

百位	十位	个位
8	1	4
+ 1	8	2

g

百位	十位	个位
	5	3
+ 4	2	1

h

百位	十位	个位
5	5	5
+ 3	3	3

i

百位	十位	个位
8	0	2
+ 1	0	7

注意要把数字写在
正确的数位上。

1 列加法竖式，并计算结果。

a 28 + 31

+ _____

b 63 + 35

+ _____

c 46 + 22

+ _____

d 358 + 421

+ _____

e 480 + 217

+ _____

f 891 + 206

+ _____

2 列加法竖式，并计算结果。

a 塞丽娜数了数上学路上有328辆车，回家
路上有451辆车。

她总共数了多少辆车？

+ _____

b 杰克叔叔周六驾车行驶了236千米，周日
驾车行驶了603千米。

周末他一共驾车行驶了多远？

+ _____

跳跃计算法和加法竖式
有什么相似之处？

1 用跳跃计算法来计算。

a 375 + 427 = ☐

←——————————————————————→

b 681 + 242 = ☐

←——————————————————————→

2 列竖式计算。

a
```
  1375
+  413
_____
```

b
```
  2517
+ 1002
_____
```

c
```
  6350
+ 1237
_____
```

3 选择一种笔算方法来计算，并在方框中写清楚步骤。

324 + 543 = ☐

一位数减法可以帮助你计算大数减法。

已知：

$$7 - 2 = 5$$

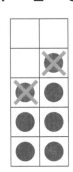

你就知道：

$$17 - 2 = 15$$

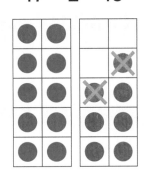

或：

$$27 - 2 = 25$$

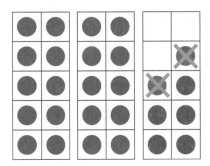

趣味学习

你还会用其他的方法计算减法吗？

写出答案。

a 9 − 6 = ☐   19 − 6 = ☐

   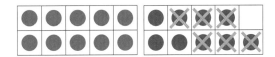

b 8 − 1 = ☐   18 − 1 = ☐

   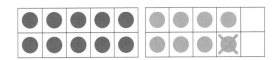

c 6 − 4 = ☐   16 − 4 = ☐

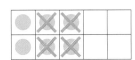   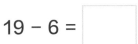

d 7 − 3 = ☐   27 − 3 = ☐

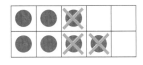   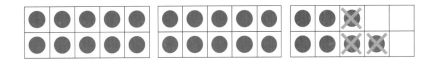

1 借助一位数减法求大数减法。

a　5 – 3 = ☐　　　15 – 3 = ☐

b　7 – 6 = ☐　　　27 – 6 = ☐

c　9 – 4 = ☐　　　19 – 4 = ☐

d　8 – 2 = ☐　　　28 – 2 = ☐

e　6 – 3 = ☐　　　36 – 3 = ☐

f　4 – 2 = ☐　　　84 – 2 = ☐

g　7 – 4 = ☐　　　97 – 4 = ☐

你能用这个方法口算115-3吗？

2 先减掉几个十，再减掉几个一。

a　35 – 13 = 35 – 10 – 3 = ☐

b　48 – 15 = ☐ – ☐ – ☐ = ☐

c　52 – 21 = ☐ – ☐ – ☐ = ☐

d　67 – 34 = ☐ – ☐ – ☐ = ☐

e　96 – 25 = ☐ – ☐ – ☐ = ☐

f　124 – 13 = ☐ – ☐ – ☐ = ☐

g　389 – 57 = ☐ – ☐ – ☐ = ☐

减法凑十是一个好方法，因为从一个十中去掉几很好算。

3 先凑整十，再计算。

a   26 − 8 =   26 − 6 − 2 =

b   32 − 7 =   32 − ☐ − ☐ = ☐

c   35 − 9 =   35 − ☐ − ☐ = ☐

d   21 − 6 =   21 − ☐ − ☐ = ☐

e   43 − 5 =   43 − ☐ − ☐ = ☐

f   64 − 7 =   ☐ − ☐ − ☐ = ☐

g   76 − 9 =   ☐ − ☐ − ☐ = ☐

h   145 − 8 =   ☐ − ☐ − ☐ = ☐

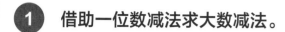

1 借助一位数减法求大数减法。

a   7 − 5 = ☐   70 − 50 = ☐

b   9 − 2 = ☐   90 − 20 = ☐

c   8 − 4 = ☐   80 − 40 = ☐

d   4 − 2 = ☐   400 − 200 = ☐

e   6 − 5 = ☐   600 − 500 = ☐

2 口算。

a   巴克斯有28个气球，其中14个炸了，他还剩下多少个气球？

b   94个孩子在公交站等车，其中35人上了第一辆公交车，还剩下多少人？

c   埃洛伊做了164杯柠檬汽水，第一个小时卖了23杯，她还需要卖多少杯才能卖完？

d   布列塔尼在清扫日捡了132件垃圾。阿什利迟到了，只捡了8件垃圾。布列塔尼比阿什利多捡了多少件垃圾？

减法中的跳跃计算法

先减去几个十，再减去几个一。

48 − 24

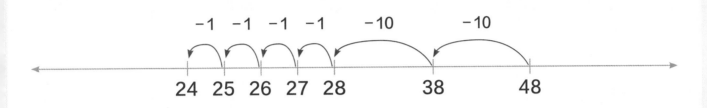

趣味学习

用跳跃计算法来计算。

a　46 − 23 = ☐

用跳跃计算法计算三位数的减法，应该先去掉多少？

−10

36　　　46

b　58 − 35 = ☐

58

c　263 − 41 = ☐

263

用跳跃计算法来计算。

a   98 − 34 =

b   360 − 43 =

c   798 − 51 =

d   598 − 125 =

e   372 − 203 =

564 − 342

		百位	十位	个位
先算个位		5	6	4
	−	3	4	2
				2

		百位	十位	个位
再算十位		5	6	4
	−	3	4	2
			2	2

		百位	十位	个位
最后算百位		5	6	4
	−	3	4	2
		2	2	2

趣味学习

从个位开始计算。

a
	十位	个位
	3	7
−	1	4

b
	百位	十位	个位
	4	6	8
−		2	1

c
	百位	十位	个位
	8	7	7
−	3	0	2

d
	百位	十位	个位
	9	4	3
−	2	1	1

e
	百位	十位	个位
	6	4	9
−	4	2	6

f
	百位	十位	个位
	7	1	8
−	2	1	4

g
	百位	十位	个位
	5	0	1
−	3	0	1

h
	百位	十位	个位
	9	6	0
−	2	3	0

i
	百位	十位	个位
	8	8	8
−	5	5	5

1 列减法竖式，并计算结果。

注意要把数字写在正确的数位上。

a 27 − 14   **b** 53 − 31   **c** 86 − 36

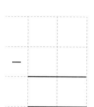 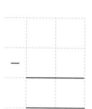 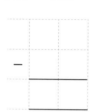

d 173 − 162   **e** 797 − 493   **f** 896 − 201

2 列减法竖式，并计算结果。

a 面包师贝蒂做了98个纸杯蛋糕，她卖出了57个，还剩下多少个？

b 苏雷什收到了645封新邮件，他打开了414封，还有多少封未读？

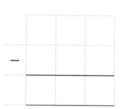

1 用跳跃计算法来计算。

a 742 − 216 = [ ]

b 628 − 343 = [ ]

---

2 列减法竖式计算。

a

千位	百位	十位	个位
5	7	2	6
−	5	1	2

b

千位	百位	十位	个位
3	8	6	7
−	1	2	0	5

c

千位	百位	十位	个位
7	5	3	1
−	5	0	2	0

---

3 选择一种笔算方法来计算，并在方框中写清楚步骤。

967 − 452 = [ ]

减法是加法的逆运算。

$$10 + 5 = 15$$

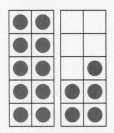

$$15 - 5 = 10$$

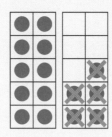

"逆"是相反的意思。

趣味学习

1 根据加法算式完成减法算式。

a $7 + 5 = 12$ $12 - 5 = \boxed{}$

b $24 + 9 = 33$ $33 - 9 = \boxed{}$

c $38 + 7 = 45$ $45 - 7 = \boxed{}$

2 根据减法算式完成加法算式。

a $9 - 3 = 6$ $3 + 6 = \boxed{}$

b $27 - 8 = 19$ $19 + 8 = \boxed{}$

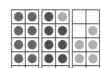

c $43 - 7 = 36$ $36 + 7 = \boxed{}$

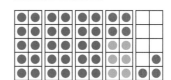

算式家族就是和几个数有关的一组算式。

1 完成下列算式家族。

a

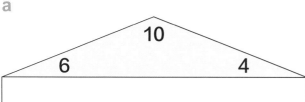

$6 + 4 = 10$ 　　 $4 + 6 = \boxed{}$

$10 - 6 = \boxed{}$ 　　 $10 - 4 = \boxed{}$

b

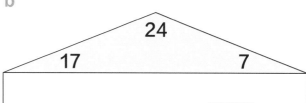

$17 + 7 = 24$ 　　 $7 + \boxed{} = 24$

$24 - \boxed{} = 17$ 　　 $24 - \boxed{} = 7$

c

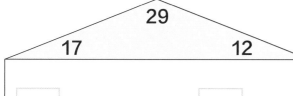

$\boxed{} + 12 = 29$ 　 $12 + \boxed{} = 29$

$29 - 17 = 12$ 　　 $29 - \boxed{} = 17$

d

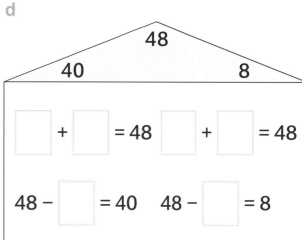

$\boxed{} + \boxed{} = 48$ 　 $\boxed{} + \boxed{} = 48$

$48 - \boxed{} = 40$ 　 $48 - \boxed{} = 8$

e

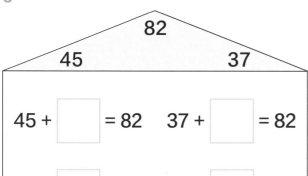

$45 + \boxed{} = 82$ 　 $37 + \boxed{} = 82$

$82 - \boxed{} = 45$ 　 $82 - \boxed{} = 37$

f

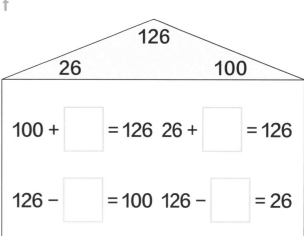

$100 + \boxed{} = 126$ 　 $26 + \boxed{} = 126$

$126 - \boxed{} = 100$ 　 $126 - \boxed{} = 26$

2 用下列每组数写两个加法算式和两个减法算式。

a

14		17		31
	+		=	
	+		=	
	−		=	
	−		=	

b

32		46		78
	+		=	
	+		=	
	−		=	
	−		=	

c

15		48		33
	+		=	
	+		=	
	−		=	
	−		=	

d

55		39		16
	+		=	
	+		=	
	−		=	
	−		=	

e

97		70		167
	+		=	
	+		=	
	−		=	
	−		=	

f

278		143		135
	+		=	
	+		=	
	−		=	
	−		=	

你可以用加法来检查你的减法答案，
用减法来检查你的加法答案。

拓展运用

补数的方法是先凑成整十数，再用逆运算调整大小，使其可以简便计算。

例如：45 + 39 等同于 45 + 40 − 1 = 84

将39加1凑成40，再用加法的逆运算，减去1。

① 用先凑整十再调整的方法计算下列加法。

a　34 + 28 等同于 34 + ☐ − 2 = ☐

b　26 + 29 等同于 26 + ☐ − 1 = ☐

c　53 + 49 等同于 53 + ☐ − ☐ = ☐

d　45 + 27 等同于 45 + ☐ − 3 = ☐

e　54 + 17 等同于 54 + ☐ − ☐ = ☐

② 乘法和除法也互为逆运算。完成下列算式家族。

a

2 × 10 = 20　　10 × 2 = ☐

20 ÷ 2 = ☐　　20 ÷ 10 = ☐

b

4 × 12 = 48　　12 × ☐ = ☐

48 ÷ 4 = ☐　　48 ÷ ☐ = ☐

c

8 × 7 = 56　　7 × ☐ = ☐

56 ÷ 7 = ☐　　56 ÷ 8 = ☐

d

9 × ☐ = 99　　11 × ☐ = 99

99 ÷ ☐ = ☐　　99 ÷ ☐ = ☐

③ 利用逆运算求解。

a

73 × 5 = 365　　365 ÷ ☐ = 5

b

1532 − 845 = 687　　687 + 845 = ☐

1.8 乘法算式和除法算式

乘法和除法互为逆运算。

每组 2 个，一组就是 2 个。

2 个分给一人，一人分到 2 个。

每组 2 个，两组就是 4 个。

4 个平分给两人，每人分到 2 个。

你还知道其他的逆运算吗？

趣味学习

1 用乘法算式完成除法计算。

a   3 个 5 是 15。   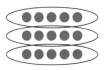   15 被平分成 3 组，每组是 ☐ 个。

b   6 个 2 是 12。      ☐ 被平分成 6 组，每组是 ☐ 个。

c   4 个 7 是 28。   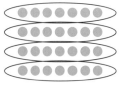   ☐ 被平分成 4 组，每组是 ☐ 个。

---

2 用除法算式完成乘法计算。

a   9 被平分成 3 组，每组是 3 个。   ☐ 个 3 是 9。

b   16 被平分成 8 组，每组是 2 个。   ☐ 个 2 是 ☐。

c   18 被平分成 3 组，每组是 6 个。   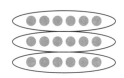   ☐ 个 6 是 ☐。

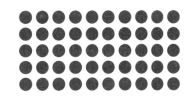

独立练习

1 调换乘数，使乘法算式和阵列一致。

a

$3 \times 4 = 12$

$4 \times \square = \square$

b

$\square \times \square = \square$

$\square \times \square = \square$

c

$\square \times \square = \square$

$\square \times \square = \square$

d

$\square \times \square = \square$

$\square \times \square = \square$

2 完成下列算式家族。

a $3 \times 9 = 27$

$\square \times \square = 27$

$27 \div \square = \square$

$27 \div \square = \square$

b $10 \times 2 = 20$

$\square \times \square = 20$

$20 \div \square = \square$

$20 \div \square = \square$

c $8 \times 5 = \square$

$5 \times \square = \square$

$\square \div 5 = \square$

$\square \div \square = 5$

d $7 \times 10 = \square$

$\square \times \square = \square$

$\square \div \square = \square$

$\square \div \square = \square$

3 完成下列乘法算式。

a ●●● 1 × 3 = ☐

b ●●● 2 × 3 = ☐

c ●●● 3 × 3 = ☐

d ●●● 4 × 3 = ☐

e ●●● 5 × 3 = ☐

f ●●● 6 × 3 = ☐

g ●●● 7 × 3 = ☐

h ●●● 8 × 3 = ☐

i ●●● 9 × 3 = ☐

j ●●● 10 × 3 = ☐

4 结合第3题，完成除法算式。

a 3 ÷ ☐ = ☐

b 6 ÷ ☐ = ☐

c ☐ ÷ ☐ = ☐

d ☐ ÷ ☐ = ☐

e ☐ ÷ ☐ = ☐

f ☐ ÷ ☐ = ☐

g ☐ ÷ ☐ = ☐

h ☐ ÷ ☐ = ☐

i ☐ ÷ ☐ = ☐

j ☐ ÷ ☐ = ☐

现在你就知道乘法口诀了！

5 完成下列除法算式。

a 20 ÷ 5 = ☐

b 18 ÷ 2 = ☐

c 60 ÷ 10 = ☐

d 35 ÷ 5 = ☐

e 14 ÷ 2 = ☐

f 90 ÷ 10 = ☐

6 结合第5题，完成乘法算式。

a ☐ × ☐ = ☐

b ☐ × ☐ = ☐

c ☐ × ☐ = ☐

d ☐ × ☐ = ☐

e ☐ × ☐ = ☐

f ☐ × ☐ = ☐

拓展运用

1 每个盒子里有5块巧克力，一共有多少块巧克力？

a 3盒 [ ]   b 6盒 [ ]

c 7盒 [ ]   d 10盒 [ ]

---

2 琳蒂做了24块饼干。如果将饼干平均放入盒子中，每个盒子里应该放多少块？

a 3盒 [ ]   b 6盒 [ ]

c 8盒 [ ]   d 2盒 [ ]

---

3 下表显示了某学校集市上出售物品的相关信息。

a 完成表格，填写每个孩子收到的钱数。

b 谁卖的物品数量最多？

_____

c 谁收到的钱数最多？

_____

姓名	卖出的物品数／件	每件物品的价格／元	收到的钱数／元
米卡	8	5.00	
安迪	10	2.00	
塞丽娜	6	10.00	
索菲娅	5	9.00	
郝拉	9	4.00	

d 如果塞丽娜卖了8件物品，她能收到多少钱？

_____

e 如果米卡卖了20件物品，他能收到多少钱？

_____

f 如果索菲娅收到63.00元，她卖出了多少件物品？ _____

跳跃计数法有助于口算乘法。　　4 × 5 　　　是 5，　10，　15，　20

次数也是组数。

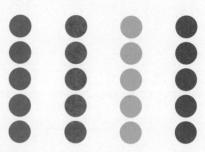

趣味学习

用跳跃计数法求解。

a　6 × 3　　是　　3, 6, ____, ____, ____, ____

b　8 × 2　　是　　2, 4, ____, ____, ____, ____, ____, ____

c　3 × 10　　是　　____, ____, ____

d　7 × 5　　是　　____, ____, ____, ____, ____, ____, ____

e　8 × 3　　是　　____, ____, ____, ____, ____, ____, ____

一个数乘4：先用这个数乘2，再乘2。

$7 \times 4 = 7 \times 2 \times 2 \quad = \quad 14 \times 2 \quad = \quad 28$

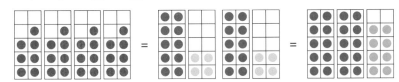

1 用先乘2，再乘2的方法解决下列问题。

a $8 \times 4 = 8 \times 2 \times 2 = \boxed{} \times 2 = \boxed{}$

b $20 \times 4 = 20 \times 2 \times 2 = \boxed{} \times 2 = \boxed{}$

c $12 \times 4 = \boxed{} \times \boxed{} \times \boxed{} = \boxed{} \times \boxed{} = \boxed{}$

d $30 \times 4 = \boxed{} \times \boxed{} \times \boxed{} = \boxed{} \times \boxed{} = \boxed{}$

用4除一个数：先求一半，再求一半。

$24 \div 4$
- 先求一半 $24 \div 2 = 12$
- 再求一半 $12 \div 2 = 6$ 所以 $24 \div 4 = 6$。

2 用先求一半，再求一半的方法解决下列问题。

a $16 \div 4$
- 先求一半 $16 \div 2 = \boxed{}$
- 再求一半 $\boxed{} \div 2 = \boxed{}$ 所以 $16 \div 4 = \boxed{}$。

b $40 \div 4$
- 先求一半 $40 \div 2 = \boxed{}$
- 再求一半 $\boxed{} \div 2 = \boxed{}$ 所以 $40 \div 4 = \boxed{}$。

c $60 \div 4$
- 先求一半 $60 \div 2 = \boxed{}$
- 再求一半 $\boxed{} \div 2 = \boxed{}$ 所以 $60 \div 4 = \boxed{}$。

乘法有助于除法计算。

15 ÷ 3　　想一下　　3 × [**?**] = 15。　　答案是 5。

3 计算。

a　26 ÷ 2　　想一下　　2 × [13] = 26，　　所以 26 ÷ 2 = [　　]。

b　27 ÷ 3　　想一下　　3 × [　] = 27，　　所以 27 ÷ 3 = [　　]。

c　45 ÷ 5　　想一下　　5 × [　] = 45，　　所以 45 ÷ 5 = [　　]。

d　55 ÷ 5　　想一下　　5 × [　] = 55，　　所以 55 ÷ 5 = [　　]。

e　120 ÷ 10　想一下　10 × [　] = 120，所以 120 ÷ 10 = [　　]。

---

4 使用已知条件解决下列问题。

a　每包有6块巧克力，5包一共有多少块？　　[　] 块

b　每包有9支笔，10包一共有多少支？　　[　] 支

c　将60块饼干平均放进6个袋子，每个袋子里放多少块饼干？　　[　] 块

d　将24块饼干平均放进8个袋子，每个袋子里放多少块饼干？　　[　] 块

e　每排有8个人，4排一共有多少人？　　[　] 人

f　如果飞机上有36个人，每3人一排，一共有多少排？　　[　] 排

g　如果飞机上有36个人，每6人一排，一共有多少排？　　[　] 排

h　如果每小时挣8.00元，10个小时挣多少钱？　　[　] 元

你还知道哪些简便的方法，可以帮助你口算乘法和除法？

选择一种口算方法来解决下列问题。

a 有4支队伍，每支队伍16人，他们一起乘车前往体育场。公共汽车上需要多少个座位？

b 比赛结束时，84个人被平均分配到4辆公共汽车上。每辆公共汽车上有多少人？

c 体育场的前方区域有5排，每排有12个座位。这个区域总共可以坐多少人？

d 10支队伍平分200个橘子，每支队伍分到多少个橘子？

你可以把大数拆分，让乘法计算更加简单。

$$3 \times 17 \qquad 等同于 \qquad 3 \times 10 + 3 \times 7 = 30 + 21$$

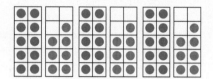

$$= 51$$

你也可以使用拆数的方法来口算乘法。

趣味学习

使用拆数的方法来计算下列各题。

a 2×26 等同于 $2 \times \boxed{} + 2 \times \boxed{} = \boxed{} + \boxed{}$

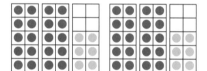
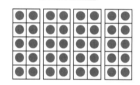
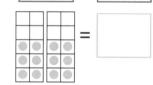

 $= \boxed{}$

b 4×14 等同于 $4 \times \boxed{} + 4 \times \boxed{} = \boxed{} + \boxed{}$

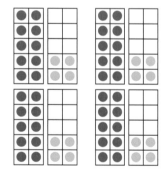
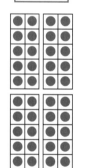
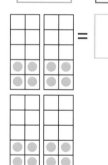

$= \boxed{}$

c 3×19 等同于 $3 \times \boxed{} + 3 \times \boxed{} = \boxed{} + \boxed{}$

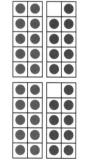

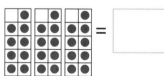

 $= \boxed{}$

使用拆数的方法来计算下列各题。

a   5 × 13 = 5 × ☐ + 5 × ☐ = ☐ + ☐

= ☐

b   6 × 21 = 6 × ☐ + 6 × ☐ = ☐ + ☐

= ☐

c   4 × 32 = 4 × ☐ + 4 × ☐ = ☐ + ☐

= ☐

d   7 × 24 = ☐ × ☐ + ☐ × ☐ = ☐ + ☐

= ☐

e   5 × 45 = ☐ × ☐ + ☐ × ☐ = ☐ + ☐

= ☐

f   8 × 33 = ☐ × ☐ + ☐ × ☐ = ☐ + ☐

= ☐

g   3 × 58 = ☐ × ☐ + ☐ × ☐ = ☐ + ☐

= ☐

你还可以借助表格来使用拆数的方法。

$6 \times 23 =$

×	20	3
6	120	18

$= \boxed{138}$

把表格底部的两个答案相加，就得到了最终答案。

2 用表格法解决下列问题。

a $4 \times 27 =$

×	20	7
4		

$=$

b $6 \times 36 =$

×	30	6
6		

$=$

c $5 \times 53 =$

×		
5		

$=$

d $3 \times 62 =$

×		
3		

$=$

e $5 \times 84 =$

×		
5		

$=$

f $4 \times 48 =$

×		
4		

$=$

g $2 \times 95 =$

×		
2		

$=$

牛津趣味阶梯数学3

拓展运用

选择一种笔算方法解决下列问题，并且写出过程。

a　4 × 37 =

b　6 组，每组 16 人，共多少人？

c　摩根买了5套篮球卡片，每套38张。他一共有多少张篮球卡片？

d　诺芙过生日，她打算为每位客人提供1个甜甜圈。已知她买了4盒甜甜圈，每盒有26个，结果多了3个甜甜圈。一共来了多少位客人？

加法和乘法都可以交换顺序计算。不管从哪个数开始算，答案都是一样的。

2 + 3 或 3 + 2   3 x 2   或   2 x 3

●● + ●●● ⟍
             ⟍ = 5
●●● + ●● ⟋

3 x 2 = 6   2 x 3 = 6

也可以任意结合两个数来计算。

4 + 2 + 3 = ?

4 x 3 x 2 = ?

4   +   5   = 9

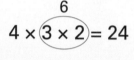

4 x ③ x ② = 24

6   +   3 = 9

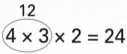

④ x ③ x 2 = 24

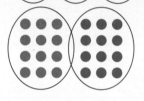

减法和除法能用上面的方法吗？

趣味学习

用两种方法找到答案。

a   13 + 5 = [ ]   5 + 13 = [ ]

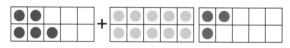

b   15 x 2 = [ ]   2 x 15 = [ ]

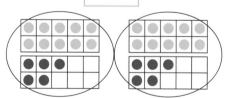

c   ④ + ⑦ + 3 = [ ]   4 + ⑦ + ③ = [ ]

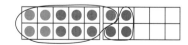

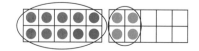

d   ④ x ⑤ x 2 = [ ]   4 x ⑤ x ② = [ ]

哪一个方法更简单?

1 用两种方法找到答案。

a 23 + 5 = [ ]   5 + 23 = [ ]

b 14 + 24 = [ ]   24 + 14 = [ ]

c 8 + 2 + 16 = [ ]   16 + 2 + 8 = [ ]

d 3 + 12 + 7 = [ ]   7 + 3 + 12 = [ ]

2 改变数的位置,找到更加简便的方法计算加法。

例: 7 + 9 + 3 + 1 等于多少? 7 + 3 + 9 + 1 = 20

a 6 + 7 + 4 + 3 等于多少? _____ = [ ]

b 18 + 5 + 2 + 5 等于多少? _____ = [ ]

c 14 + 9 + 6 + 1 等于多少? _____ = [ ]

d 23 + 6 + 14 + 7 等于多少? _____ = [ ]

3 改变数的位置,找到更加简便的方法计算乘法。

例: 6 x 2 x 5 等于多少?   2 × 5 × 6 = 10 × 6 = 60

a 5 x 7 x 2 等于多少? _____ = [ ]

b 6 x 2 x 3 等于多少? _____ = [ ]

c 3 x 5 x 2 等于多少? _____ = [ ]

d 2 x 7 x 3 等于多少? _____ = [ ]

加法和减法互为逆运算，乘法和除法也互为逆运算。运用逆运算可以检验计算结果。

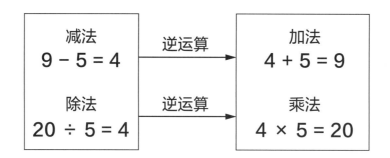

减法	逆运算	加法
9 − 5 = 4	→	4 + 5 = 9
除法	逆运算	乘法
20 ÷ 5 = 4	→	4 × 5 = 20

4 写出答案，并通过逆运算来检验结果。

a 14 + 9 = ☐   检验 ☐ − ☐ = ☐

b 25 − 14 = ☐   检验 ☐ + ☐ = ☐

c 9 x 3 = ☐   检验 ☐ ÷ ☐ = ☐

d 40 ÷ 5 = ☐   检验 ☐ × ☐ = ☐

e 42 − 21 = ☐   检验 ☐ + ☐ = ☐

f 11 x 5 = ☐   检验 ☐ ÷ ☐ = ☐

g 43 + 24 = ☐   检验 ☐ − ☐ = ☐

h 45 ÷ 5 = ☐   检验 ☐ × ☐ = ☐

5 寻找计算下列算式的简便方法，写出答案，并说明你是如何得到答案的。

a 3 + 3 + 3 + 3 + 3 = ☐   b 3 + 4 + 17 = ☐

c 2 x 9 x 5 = ☐   d 18 + 7 + 3 + 12 = ☐

e 4 + 4 + 4 + 4 + 4 + 4 = ☐   f 90 ÷ 10 = ☐

g 3 + 16 + 8 + 7 + 2 + 14 = ☐   h 7 + 7 + 7 + 7 + 8 = ☐

拓展运用

完成下列题目。

a 特兰的足球卡片书有15页,每页有10张卡片。杰克的足球卡片书有10页,每页有15张卡片。特兰认为他的卡片比杰克的多,特兰的想法对吗? 他们每个人分别有多少张卡片?

b 伊娃赚了一些零用钱。下列表格显示了她在10周内的所得报酬。伊娃一共赚了多少零用钱?

第几周	1	2	3	4	5	6	7	8	9	10
所得报酬	3.00元	8.00元	4.00元	7.00元	12.00元	11.00元	5.00元	9.00元	5.00元	16.00元

c 茱莉亚在一周内每天的阅读页数如下:
周一9页,周二9页,周三9页,周四9页,周五9页,周六9页,周日10页。茱莉亚总共读了多少页?

d 亨利的祖母有个6层的书架,她想给她的5个孙子平分书架上的书。她数了数每层书架上的书:13本书,18本书,24本书,17本书,22本书,16本书。每个孙子能分到多少本书?

分子代表取了其中的多少份。　←　$\dfrac{2}{5}$

分母代表一个整体或一组东西被平均分成了多少份。　←

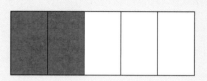

$\dfrac{2}{5}$ 或5份中的2份被涂上了颜色。

分子是分数线上面的数，分母是分数线下面的数。

趣味学习

根据分数将下列图形涂上颜色。

a　$\dfrac{3}{5}$　

b　$\dfrac{1}{3}$　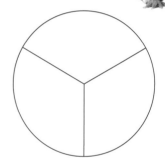

c　$\dfrac{1}{2}$　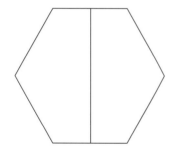

d　$\dfrac{3}{4}$　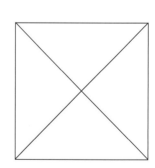

e　$\dfrac{4}{5}$　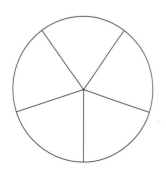

f　$\dfrac{2}{3}$　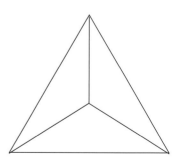

独立练习

1 用分数表示阴影部分。

a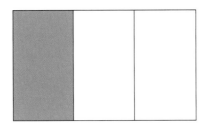

b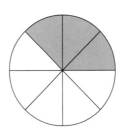

c

d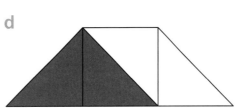

e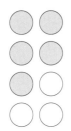

f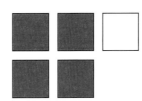

g

h

i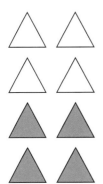

j

2 将分数和匹配的图形连线。

记住：分数的每份大小必须相同。

3 将每个长方形按照下列分数进行分割。

a

b

c

d

每份占$\frac{1}{4}$

每份占$\frac{1}{5}$

每份占$\frac{1}{3}$

每份占$\frac{1}{2}$

4 第3题中的哪个分数满足下列要求？

a 份数最多： _____

b 份数最少： _____

c 每份的大小最小： _____

d 每份的大小最大： _____

1 完成下列题目。

a 画一条线把正方形平分成2份。

b 每份用分数怎么表示？

c 再画一条线把正方形平分成4份。

d 每份用分数怎么表示？

e 再画两条线把正方形平分成8份。

f 每份用分数怎么表示？

g 给其中的5个部分涂色。

h 涂色部分用分数怎么表示？

i 没有涂色的部分用分数怎么表示？

2 根据第1题，把下列分数按照从小到大的顺序排列。

$$\frac{1}{2} \qquad \frac{1}{8} \qquad \frac{1}{4} \qquad \frac{5}{8}$$

2.2 数轴上的分数

在这个数轴上，1的另一种写法是什么？

数轴在计算分数和比较分数大小时很有用。

趣味学习

在数轴上填写缺失的分数。

a

b
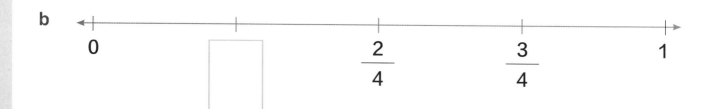

c
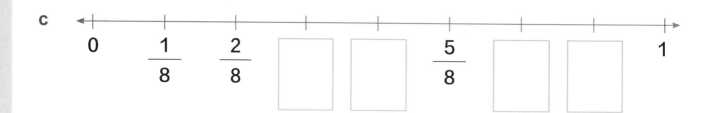

d
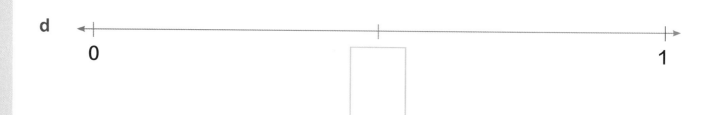

独立练习

1 将分数与数轴上的正确位置连线。

a

| $\frac{4}{4}$ | $\frac{2}{4}$ | $\frac{1}{4}$ | $\frac{3}{4}$ |

0

b

| $\frac{2}{5}$ | $\frac{4}{5}$ | $\frac{5}{5}$ | $\frac{1}{5}$ | $\frac{3}{5}$ |

0

c

| $\frac{4}{8}$ | $\frac{7}{8}$ | $\frac{8}{8}$ | $\frac{2}{8}$ | $\frac{6}{8}$ | $\frac{1}{8}$ | $\frac{5}{8}$ |

0

2 第1题c中少了哪个分数？_____

3 回答下列问题。

a 1里面包含多少个 $\frac{1}{8}$？

b 1里面包含多少个 $\frac{1}{2}$？

c 1里面包含多少个 $\frac{1}{5}$？

d 1里面包含多少个 $\frac{1}{3}$？

e 1里面包含多少个 $\frac{1}{4}$？

4 利用数轴，判断哪个分数更大。

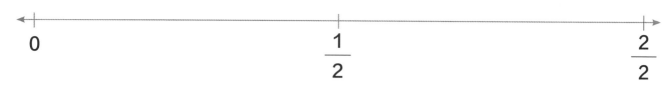

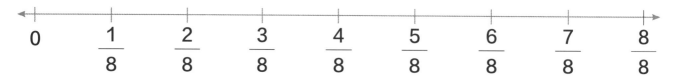

a $\dfrac{1}{2}$ 或 $\dfrac{1}{4}$ _____

b $\dfrac{1}{5}$ 或 $\dfrac{1}{8}$ _____

c $\dfrac{1}{5}$ 或 $\dfrac{1}{3}$ _____

d $\dfrac{3}{8}$ 或 $\dfrac{2}{4}$ _____

e $\dfrac{2}{3}$ 或 $\dfrac{2}{5}$ _____

f $\dfrac{4}{8}$ 或 $\dfrac{4}{5}$ _____

5 解释一下为什么 $\dfrac{5}{5}$ 和 $\dfrac{8}{8}$ 的大小是一样的。

有哪些分数和 $\dfrac{1}{2}$ 的大小一样？

_____

_____

_____

也可以在数轴上数出大于1的分数。

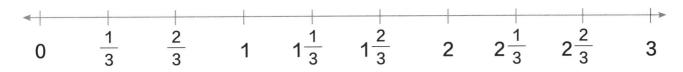

1 填写缺少的分数。

a
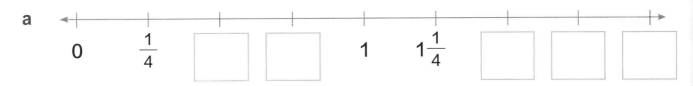

b
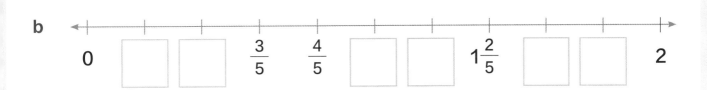

c
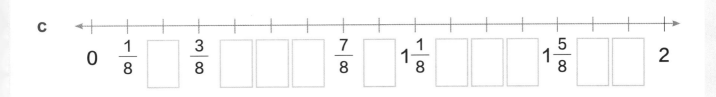

2
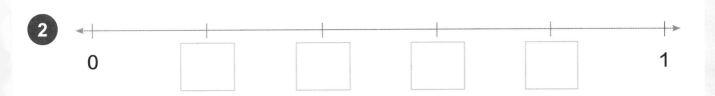

a 这个数轴被平分成了多少段？ _____

b 每段用分数表示的大小是多少？ _____

c 填写缺失的分数。

d 数轴上的下一个数是什么？ _____

e 如何用分数表示数轴上的1？ _____

可以用这些硬币以不同的方式凑出1元。

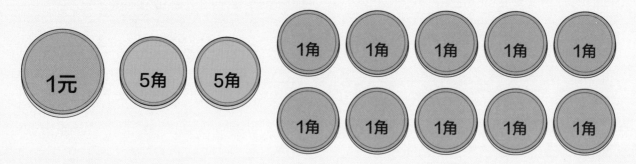

怎么用6个硬币凑出1元？

趣味学习

使用以上面值的硬币，用三种方法凑出以下总额。

a 1.50 元

b 2.00 元

c 2.50 元

1 画出3个硬币来凑出以下总额。

a 3.00 元

b 1.50 元

c 1.20 元

d 2.10 元

2 使用本节中出现的硬币，购买以下物品，写出需要硬币个数最少的情况。

a

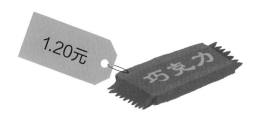

1.20元 巧克力

b

1.50元

c

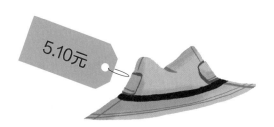

5.10元

d

1.90元

e

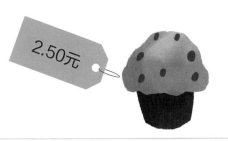

2.50元

f

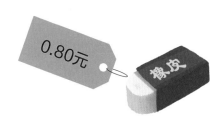

0.80元 橡皮

3 用5.00元买下面的物品，你会被找回多少钱？

a

价格
3.50元

b

价格
1.75元

c

价格
0.90元

d

价格
2.05元

> 计算找回钱数的方法：从总金额中减掉购买的物品的价格。

4 计算找回的钱数。

a

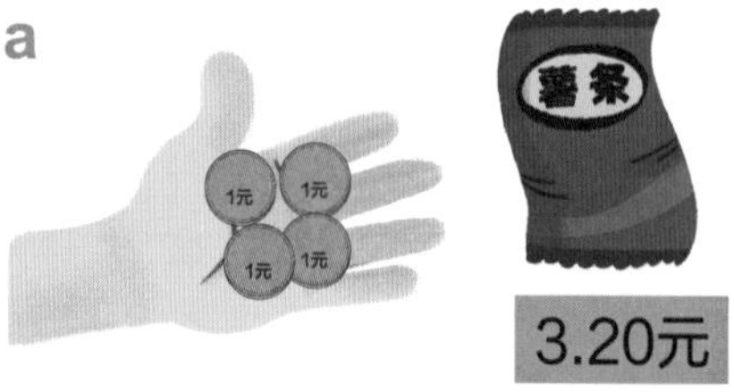

薯条
3.20元

b

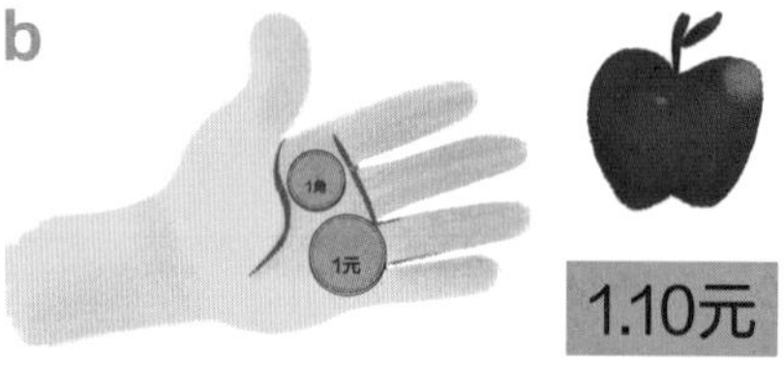

1.10元

c

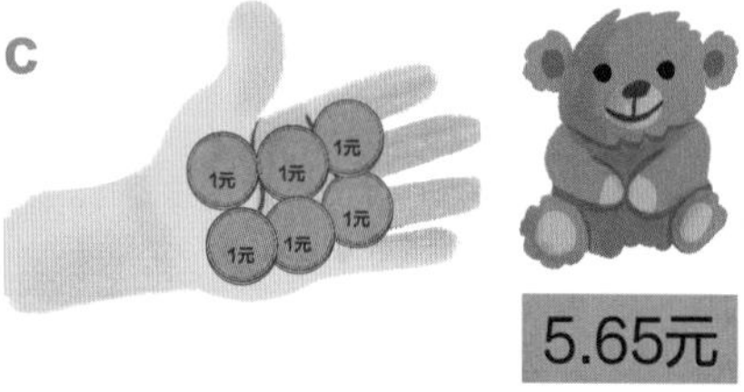

5.65元

d

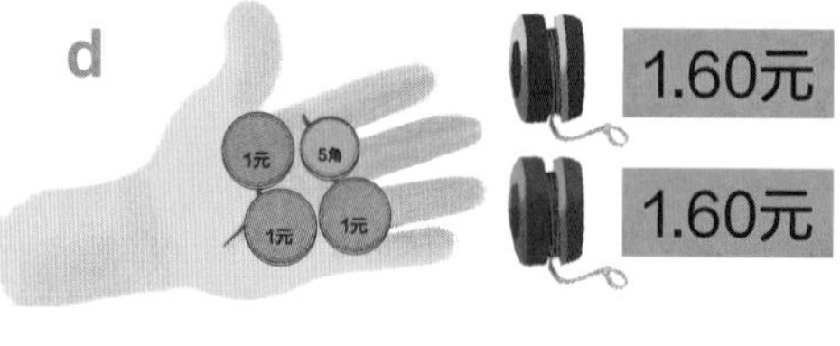

1.60元

1.60元

在估算时，32分估算成30分。34分却估算成35分，因为和30分比起来，它离35分更近。

1 当总金额的末位不是0或5分时，可能需要我们估算。
将下列总金额估算到末位是0或5分。

a 21 分 _____   b 68 分 _____   c 44 分 _____

d 1.03 元_____   e 1.78 元_____   f 2.99 元_____

2 完成下列题目。

a 数数弗洛西塔有多少钱。

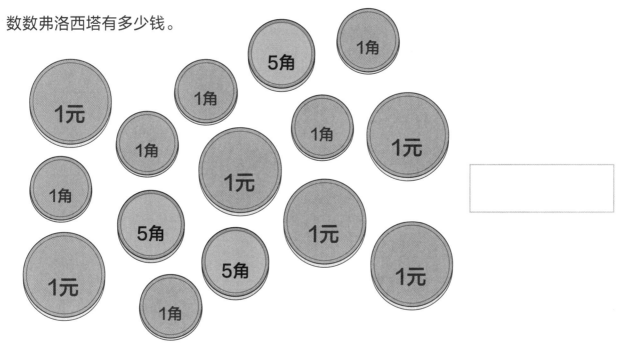

b 当她要买一个价值5.30元的玩具时，有多
种付钱的方式，请写出两种组合方式。

c 如果弗洛西塔买了价值8.08元的玩具，她会被找零吗？说一说你的理由。

_____

_____

规律：加3

| 2 | 5 | 8 | 11 | 14 | 17 | 20 | 23 | 26 | 29 |

数列中的每一个数都
比前一个数大3。

趣味学习

找规律，完成下列数列。

a 规律：加5

| 3 | 8 | 13 | | | | | | | |

b 规律：减3

| 54 | 51 | 48 | | | | | | | |

c 规律：加6

| 6 | 12 | | | | | | | | |

d 规律：减4

| 65 | 61 | 57 | | | | | | | |

e 规律：加10

| 24 | 34 | 44 | | | | | | | |

1 填写缺少的数，并写出规律。

a

3	13	23		43	53		73

规律：_____

b

90		80	75	70		60	55

规律：_____

c

4	11	18		32	39	46	

规律：_____

2 填写缺少的数，并写出规律。

a

输入	输出
52	48
36	32
44	
28	

规律：_____

b

输入	输出
13	11
31	29
5	
47	

规律：_____

c

输入	输出
19	27
44	52
62	
53	

规律：_____

d

输入	输出
64	55
48	39
56	
30	

规律：_____

3 完成下列题目。

a 完成图形和数列规律。

●	⋮	⋮⋮	⋮⋮⋮		
1	3				

b 数列规律是什么？ _____

---

4 完成下列题目。

a 完成图形和数列规律。

⋮⋮⋮	⋮⋮⋮	⋮⋮⋮			
18	15				

b 数列规律是什么？ _____

> 如果是加法规律（往后依次加某个数），数字就会越来越大；
> 如果是减法规律（往后依次减某个数），数字就会越来越小。

5 完成下列题目。

a 自己设计一个加法规律的数列。

规律： _____

b 自己设计一个减法规律的数列。

规律： _____

这个数列有双重规律。

0	4	2	6	4	8	6	10	8	12	10

规律：加4，减2

1 写出下列数列的双重规律。

a

0	5	4	9	8	13	12	17	16	21	20

规律：＿＿＿＿＿＿＿＿＿＿＿＿＿＿＿＿＿＿＿＿＿＿＿＿

b

20	18	21	19	22	20	23	21	24	22	25

规律：＿＿＿＿＿＿＿＿＿＿＿＿＿＿＿＿＿＿＿＿＿＿＿＿

2 根据规律，完成下列数列。

a 规律：加1，加3

1	2	5	6						

b 规律：减2，减3

56	54	51	49						

3 自己设计一个双重规律。

规律：＿＿＿＿＿＿＿＿＿＿＿＿＿＿＿＿＿＿＿＿＿＿＿＿

4.2 解决问题

缺失的数

"="号表示两边大小相等。

8 + ☐ = 11

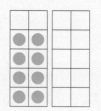

还需要加3才能得到11，
所以缺失的数就是3。

如何用减法来解决这个问题？

趣味学习

利用十格阵，找一找缺失的数。

a   7 + ☐ = 12

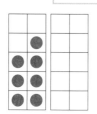

b   19 − ☐ = 15

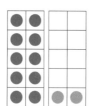

c   10 + ☐ = 18

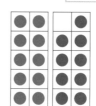

d   16 − ☐ = 9

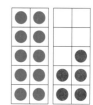

e   17 = ☐ + 14

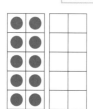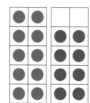

f   16 = 19 − ☐

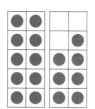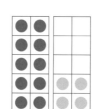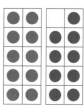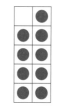

1 填上合适的数，使等式成立。

a
$$10 + 2 \quad = \quad 8 + \boxed{}$$

b
$$13 - 5 \quad = \quad 10 - \boxed{}$$

c
$$13 + 4 \quad = \quad \boxed{} + 9$$

d
$$33 - 3 \quad = \quad 15 + \boxed{}$$

e
$$28 + 2 \quad = \quad \boxed{} + 10$$

f
$$17 + 11 \quad = \quad 8 + \boxed{}$$

2 用 "+" 或 "−" 填空。

a $8 \ \boxed{} \ 6 = 14$

b $11 \ \boxed{} \ 7 = 18$

c $11 \ \boxed{} \ 7 = 4$

d $24 \ \boxed{} \ 12 = 36$

e $34 \ \boxed{} \ 8 = 26$

f $19 \ \boxed{} \ 9 = 10$

g $45 \ \boxed{} \ 20 = 25$

h $25 \ \boxed{} \ 20 = 45$

3 写出算式来解决下列问题。

a 安佳丽在周六卖出了46个蛋糕，周日卖出了19个。她周末一共卖出了多少个蛋糕？

b 马可做了84个风铃，他在市场上卖了32个，还剩下多少个？

怎么知道是用加法还是减法？

c 克里斯蒂赚了74.00元，菲利克斯赚了49.00元。克里斯蒂比菲利克斯多赚了多少钱？

d 斯皮罗周一读了42页书，周二读了14页书，周三读了28页书。他总共读了多少页？

e 歌达娜需要200.00元才能买下喜欢的衣服。她已经有153.00元，还需要多少元？

f 100个鸡蛋被送到面包店。面包师周一用了32个，周二用了41个，还剩下多少个鸡蛋？

1 三年级M班正在统计同学们一小时走了多少步。表格显示了一组人每小时所走的步数。

名字	每小时步数／步
乔纳斯	97
苏米	131
梅根	164
乔治	46
坦迈	253
代娜	98

a 苏米和梅根总共走了多少步？

b 乔治和哪个学生的总步数是144步？

c 苏米比乔纳斯多走多少步？

d 哪两个学生的总步数是350步？

e 梅根和苏米的总步数比坦迈的步数多多少步？

2 判断对错。

a 23 + 32 = 60 − 7   对   错

b 50 − 29 = 8 + 13   对   错

c 26 − 15 = 37 − 26   对   错

d 58 + 24 = 99 − 17   对   错

e 48 + 52 = 9 + 91   对   错

长度

测量比较短的物体，通常用厘米（cm）作单位。
测量比较长的物体，通常用米（m）作单位。
1米等于100厘米。

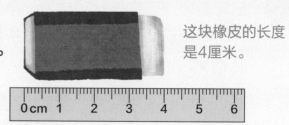

这块橡皮的长度是4厘米。

吉他要比橡皮长96厘米。

吉他的长度是100厘米或1米。

趣味学习

1 用尺子测量下列物体的长度。

a  ⬚ cm

b ⬚ cm

c ⬚ cm

d  ⬚ cm

2 根据第1题，回答下列问题。

a 哪个物体最长？ ＿＿＿＿＿＿＿＿＿＿＿＿

b 哪个物体最短？ ＿＿＿＿＿＿＿＿＿＿＿＿

c 哪个物体的长度是5厘米？ ＿＿＿＿＿＿＿＿＿＿

1 **a** 选择一些与下列数据相吻合的真实物体，并把物体名称填写到表格中。

b 再测量这些物体，记录它们的实际长度。

长度	物体名称	实际长度
10cm		
30cm		
50cm		
1m		
2m		
150cm		

2 **你会用厘米还是米来表示下列长度？**

a 一间教室的长度 _____ **b** 一本书的长度 _____

c 一个篮球场的长度 _____ **d** 你的房间的长度 _____

e 一根巧克力棒的长度 _____ **f** 一根胶棒的长度 _____

3 **圈出下列物体最可能的长度。**

a 智能手机   30cm   13cm   13m

b 一辆车   5m   5cm   50m

c 一只宠物乌龟   18m   10m   12cm

d 一头大象   6cm   60cm   6m

面积

1平方厘米表示长是1厘米、宽是1厘米的正方形面积大小。平方厘米是常用的面积单位，平方厘米的符号是cm²。

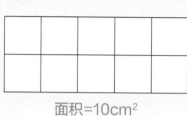

1cm
1cm

面积=10cm²

面积是什么意思?

趣味学习

1 记录下列每个图形的面积（假设每个小正方形的面积是1cm²）。

a [   ] cm²

b [   ] cm²

c [   ] cm²

d [   ] cm²

e [   ] cm²

f [   ] cm²

---

2 根据第1题，完成下题。

a 面积最大的图形是 _____   b 面积最小的图形是 _____

---

3 第1题中哪两个图形的面积是相同的? _____

独立练习

1 假设下图中小格子的面积是1cm²。按下列要求画图。

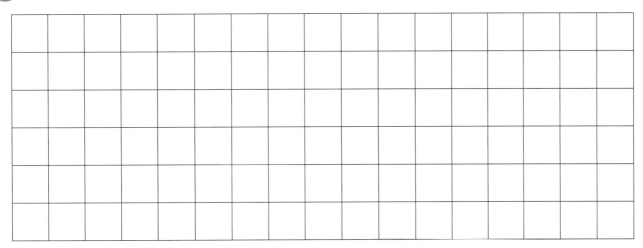

a 画1个面积为9cm²的蓝色正方形。

b 画1个面积为10cm²的红色长方形。

c 画2个绿色长方形，每个长方形的面积为12cm²。

d 画1个面积为4cm²的黄色正方形。

2 第1题中所有图形的总面积是多少？ _____ cm²

3 完成下列题目。

a 估测以下图形的面积。 _____ cm²

b 求出蓝色正方形的面积。

_____ cm²

c 求出红色长方形的面积。

_____ cm²

d 图形总面积是多少？

_____ cm²

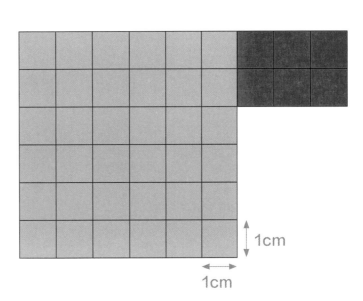

1cm

1cm

拓展运用

1 测量非常小的物体，通常用毫米（mm）作为长度单位。当你需要非常精确的测量结果时，也会使用毫米。1厘米等于10毫米。

用mm作为单位测量下列线条的长度。

a _____ mm   b _____ mm

c _____ mm   d _____ mm

e _____ mm   f _____ mm

---

2 平方米用于表示大面积。1平方米（m²）等于100cm乘100cm。

100cm
或 1m

100cm
或 1m

我的后院计划

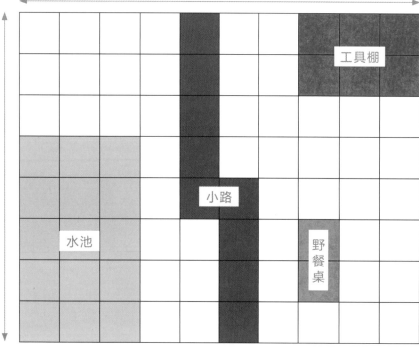

10m

8m

水池

小路

野餐桌

工具棚

记录下列面积。

a 工具棚的面积：

_____ m²

b 水池的面积：

_____ m²

c 野餐桌的面积：

_____ m²

d 小路的面积：

_____ m²

---

3 工具棚的面积比野餐桌的面积大多少？ _____ m²

体积

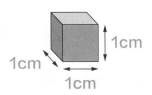

这个立方体高1厘米，宽1厘米，长1厘米。它所占空间的大小可以用1立方厘米或1cm³来表示。

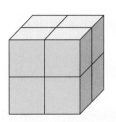

这个物体的体积是8立方厘米或8cm³。

体积这个词有什么不同的含义？

趣味学习

写出下列物体的体积（假设每个小方块的体积为1cm³）。

a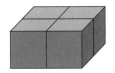

_____ 立方厘米

或 _____ cm³

b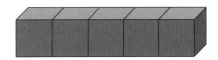

_____ 立方厘米

或 _____ cm³

c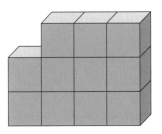

_____ 立方厘米

或 _____ cm³

d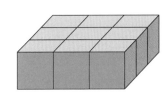

_____ 立方厘米

或 _____ cm³

e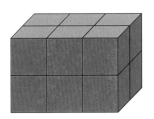

_____ 立方厘米

或 _____ cm³

f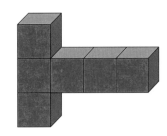

_____ 立方厘米

或 _____ cm³

独立练习

1 使用层数来计算下列物体的体积（假设每个小方块的体积为1cm³）。

a

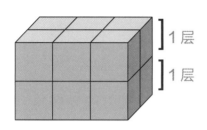

有多少层？ _____

每层的体积是多少立方厘米？ _____ cm³

总体积： _____ cm³

b

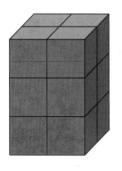

有多少层？ _____

每层的体积是多少立方厘米？ _____ cm³

总体积： _____ cm³

c

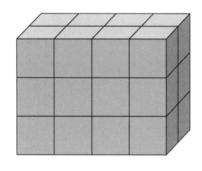

有多少层？ _____

每层的体积是多少立方厘米？ _____ cm³

总体积： _____ cm³

- -

2 根据第1题，完成下列题目。

a 写出体积最大的物体的颜色。

_____

b 写出体积相同的物体的颜色。

_____   _____

c 物体c的体积比物体a的体积大多少？

_____

容积

毫升（mL）和升（L）是两个容积单位。
1000mL等于1L。

大部分饮品的容积小于1L。

375mL

1L

2L

大油漆罐的容积大于1L。

容积和体积的区别是什么？

趣味学习

完成下列题目。

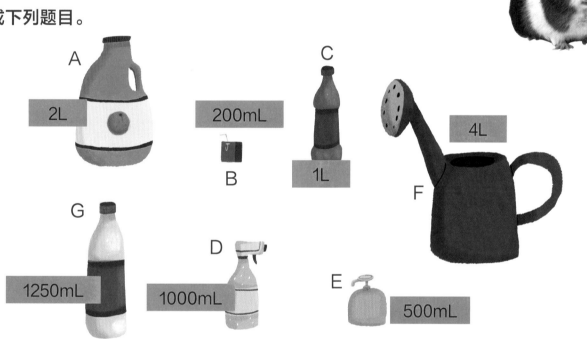

A 2L

200mL

B

C
1L

4L

F

G
1250mL

D
1000mL

E
500mL

a 写出容积小于1L的容器的字母。_____

b 写出容积大于1L的容器的字母。_____

c 写出容积等于1L的容器的字母。_____

d 哪个容器的容积最大？_____

e 哪个容器的容积最小？_____

独立练习

1 完成下列题目。

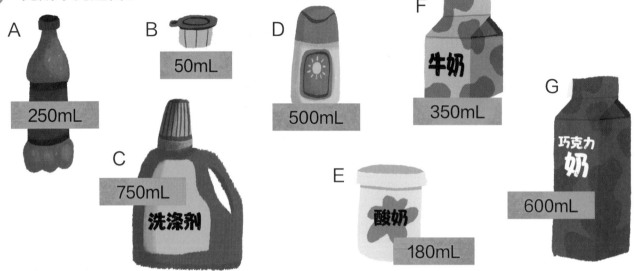

A 250mL

B 50mL

C 750mL 洗涤剂

D 500mL

E 酸奶 180mL

F 牛奶 350mL

G 巧克力奶 600mL

a 哪两个容器的总容积是1L？ _____

b 哪两个容器的总容积大于1L？ _____

c 防晒霜和酸奶的总容积是多少？ _____

d 洗涤剂和牛奶的总容积是多少？ _____

2 你需要一个1L的容器。

a 选择3个容器，并记录在下表中。

b 估测每个容器的容积是大于1L，还是小于1L。

c 用1L的容器检验，并记录结果。

容器	估测的容积	实际的容积
	☐ 大于1L ☐ 小于1L	☐ 大于1L ☐ 小于1L
	☐ 大于1L ☐ 小于1L	☐ 大于1L ☐ 小于1L
	☐ 大于1L ☐ 小于1L	☐ 大于1L ☐ 小于1L

1 **完成下列题目。**

a 用1cm³的小立方体组装成一个体积为12cm³的物体。

b 画出你组装的物体的立体图。

2 **完成下列题目。**

a 用1cm³的小立方体组装成一个体积为10cm³的物体。

b 画出你组装的物体的立体图。

3 **找出3个容器，记录在下面的表格中。**

a 估测并记录每个容器的容积，以mL为单位。

b 测量并记录每个容器的实际容积，以mL为单位。

容器	估测的容积	实际的容积

c 哪个容器的容积最大？ _____

d 哪个容器的容积最小？ _____

5.3 质 量

较轻物体的质量用克（g）来表示。
1kg等于1000g。

15克或15g

15千克或15kg

你的质量更接近饼干的质量还是狗的质量？

趣味学习

1 把下列各物品按质量从轻到重的顺序排列，写出相应字母。

a

手机 110g	香蕉 125g	1元 6g	杯子 410g	叉子 40g	BUTTER 250g
A	B	C	D	E	F

最轻 ☐ ☐ ☐ ☐ ☐ 最重

b

A4纸 2kg	4kg	32kg	115kg	1kg	45kg
A	B	C	D	E	F

最轻 ☐ ☐ ☐ ☐ ☐ 最重

2 根据第1题，回答下列问题。

a 哪个物品最重？_____

b 哪个物品最轻？_____

1 **你需要一件1kg的物品。**

a 在家里选择4个你能轻松拿起的物品。将它们记录在下表中，估测它们的质量比1kg重还是比1kg轻，并在表中做出选择。

b 一只手握住1kg的物品，另一只手分别举起每个物品。每个物品的质量感觉起来比1kg重，还是比1kg轻？请在表中标记出你的选择。

物品	我认为它……		当我举起它的时候，我感觉它……	
	比1kg轻	比1kg重	比1kg轻	比1kg重

c 用盘式天平测量这4个物品的质量，并把它们填写到下表中，检验你的选择。

比1kg轻	比1kg重

d 列出2个质量约为1kg的物品。

_____   _____

2 你需要一件质量为500g的物品。

a 选择并记录两个你认为质量小于500g的物品。

b 用盘式天平验证它们的质量是小于500g还是大于500g。

物品	结果	
	小于500g	大于500g

两个500g物品的总质量是多少?

c 列出2个你认为质量约为500克的物品。

_____   _____

d 使用盘式天平验证你所选的物品质量是否接近500g。圈出质量约为500g的物体。

---

3 找到计算器、积木或其他小物品。

估测它们的质量,并用盘式天平检查需要用多少个你选择的物品,天平才能平衡。

a 10g 的质量。选择:_____   实际质量:_____

b 20g 的质量。选择:_____   实际质量:_____

c 50g 的质量。选择:_____   实际质量:_____

---

4 需要用多少个10g的物品,才能让天平平衡?

a 20g _____   **b** 50g _____

c 100g _____   **d** 200g _____

e 150g _____   **f** 250g _____

拓展运用

1 记录下列物体的质量。

a

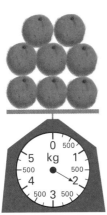

质量: _____

b

质量: _____

c

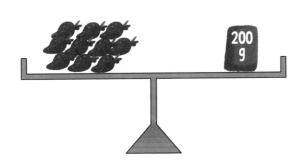

质量: _____

d

质量: _____

---

2 根据第1题，回答下面的问题。

a   1 个橘子 _____ g

b   1 个菠萝 _____ kg

c   1 颗草莓 _____ g

d   1 根香蕉 _____ g

---

3 根据第2题，回答下面的问题。

a   1个菠萝比1个橘子重多少? _____

b   1根香蕉比1颗草莓重多少? _____

c   1个橘子比1根香蕉重多少? _____

d   1个菠萝比1根香蕉重多少? _____

5.4 时　间

分针走1小格是1分。

24分

36分

分针指向第36分，所以时间是
3:36或3时36分。

1小时有60分。时钟上相邻的两个数字之间相隔5分。可以5分5分地向前数，就能更快地报出时间。

趣味学习

填写正确的时间。

a

8时10分

8 : 10

b

_____

:

c

_____

:

d

_____

:

e

_____

:

f

_____

:

1 画出分针以表示下列时间。

a

离5时还有15分

b

7:23

c

5时过5分

d

12:14

e

离12时还有14分

f

11:59

2 画出时针以表示下列时间。

a

2:22

b

离9时还有25分

c

4:38

3 画出时针和分针以表示下列时间。

a

11:11

b

7时过9分

c

9时过7分

d

8:44

e

离2时还有11分

f

离11时还有2分

4 下列各组表盘上，分针转动了多长时间？

a

_____

b

_____

c

_____

d

_____

1分钟能做什么？
3分钟呢？

5 下列时间包含了多少分？

a 1 时 _____

b 2 时 _____

c $\frac{1}{2}$ 时 _____

d $1\frac{1}{2}$ 时 _____

e $\frac{1}{4}$ 时 _____

f $\frac{3}{4}$ 时 _____

6 下列时间包含了多少秒？

a 1 分 _____

b 2 分 _____

c 5 分 _____

d 10 分 _____

e $3\frac{1}{2}$ 分 _____

f $10\frac{1}{2}$ 分 _____

1 阿基拉在7时54分开始刷牙，她花了3分。

a 在表盘上画出结束时间。

b 写出数字时间。

```
        :
```

c 写出几时几分。

_____

2 奇安从4时47分开始做作业，他花了35分做完作业。

a 在表盘上画出开始时间和结束时间。

开始　　　　　结束

b 用数字时间表示结束时间。

```
        :
```

c 用几时几分表示结束时间。

_____

3 表盘上的时间到下列时间分别还要多少分？

a 2:20 _____ **b** 2:48 _____

c 3:16 _____ **d** 3:00 _____

4 表盘上的时间到下列时间分别还要多少分？

a 8:00 _____

b 9:15 _____

c 7:55 _____

如果一个图形的所有边的长度都是相等的，这个图形就是规则图形。

不规则图形的所有边的长度不完全相等。

正五边形（规则五边形）

不规则五边形

这个不规则的五边形有一组平行边和两个直角。

趣味学习

将四边形与其相关的描述连线。

长方形

平行四边形

菱形

筝形

梯形

- 规则图形
- 平行四边形的一种

- 不规则图形
- 两对相同长度的邻边

- 不规则图形
- 一组平行边

- 不规则图形
- 两组平行边

- 不规则图形
- 四个直角
- 两组平行边

1 完成描述并给每个图形命名。

a

平行边：	是	否
规则：	是	否

命名：_____

边的数量：_____

b

平行边：	是	否
规则：	是	否

命名：_____

边的数量：_____

c

平行边：	是	否
规则：	是	否

命名：_____

边的数量：_____

d

平行边：	是	否
规则：	是	否

命名：_____

边的数量：_____

e

平行边：	是	否
规则：	是	否

命名：_____

边的数量：_____

写出关于每个图形的3点描述，然后给它命名。

a

命名: _____

_____

_____

b

命名: _____

_____

_____

c

命名: _____

_____

_____

d

命名: _____

_____

_____

e

命名: _____

_____

_____

也可以考虑用角的数量和角度的大小来描述图形。

1 把两个平面图形组合在一起，就会得到一个新的图形。

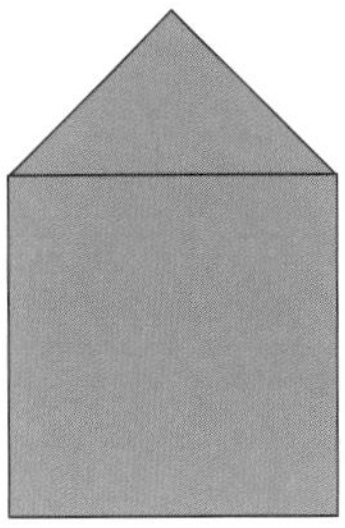

画线来表示下列图形分别是由哪两个平面图形组成的，并写出它们的名称。

a _____

b _____
_____

c _____

d _____
_____

2 用这些图形组合成一个新的图形，并且画出来。

a

b

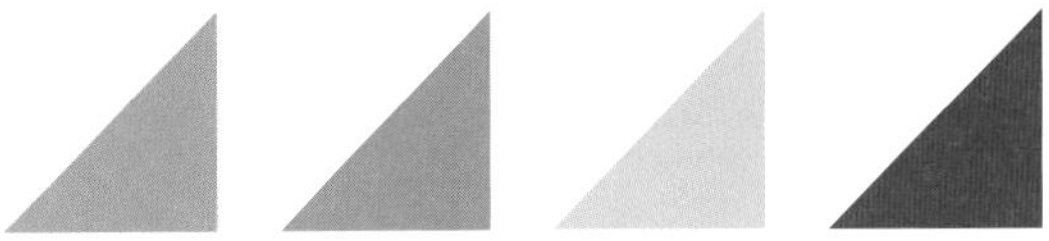

3 描述一个你组合的新图形，并给它命名。

命名：_____ _____

_____

_____

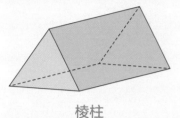 棱柱    锥体    圆锥    圆柱    球体

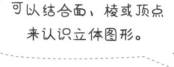
可以结合面、棱或顶点来认识立体图形。

趣味学习

1 将物体和相关的描述连一连。

 圆柱    棱柱    球体    锥体    圆锥

| • 以多边形为底
• 其他所有面都是三角形 | • 非常圆的立体图形 | • 以圆为底并且顶端是一个点的物体 | • 有两个相同形状的平行面
• 其他所有面都是长方形 | • 有两个圆形底面和一个曲面的物体 |

2 圈出所有的锥体。

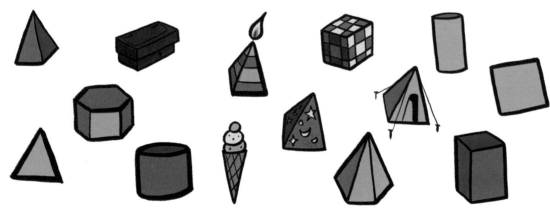

1 **完成下列题目。**

| A | B | C | D | E | F | G |

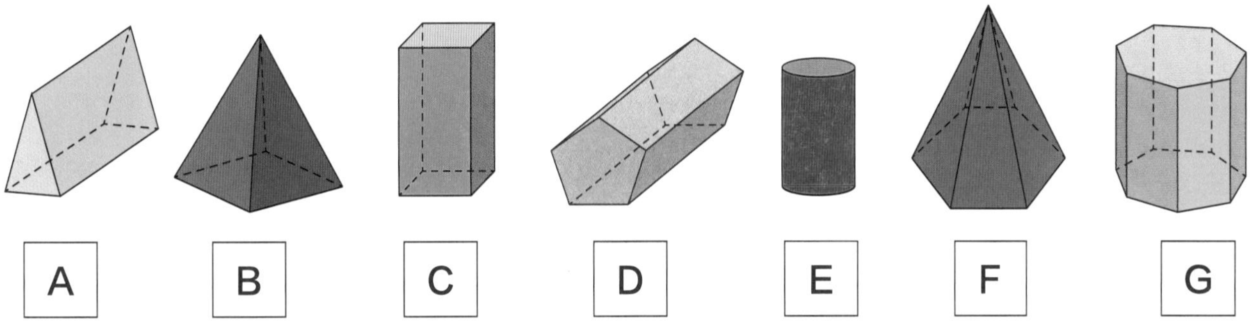

a 写出所有棱柱对应的字母。

_____

b 找出下面描述所代表的立体图形，并写出相应字母。

我有10个顶点和15条棱。底面的
图形有5条边。

我所有的面都是一样的形状，但
大小不一样。我有8个顶点。

我有14个顶点。我有9个面。我
有21条棱。

我有5个面。我有6个顶点。我有
9条棱。

c 画一个正方体。

d 正方体的另外一个名字是什么？

_____

2 圈出组成下列立体图形所需要的所有平面图形。

确保你为立体图形的每个面都圈出了一个平面图形。

a

b

c

d

---

3 写出下列每组立体图形的1个相同点和1个不同点。

a

相同点：_____

_____

不同点：_____

_____

b

相同点：_____

_____

不同点：_____

_____

c

相同点：_____

_____

不同点：_____

_____

d

相同点：_____

_____

不同点：_____

_____

拓展运用

将立体图形的表面适当剪开，可以展成平面图形。这样的平面图形称为相应立体图形的平面展开图。

立方体

这是立方体的平面展开图。

1 将立体图形和它的平面展开图连线。

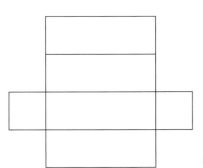 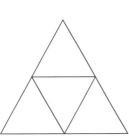 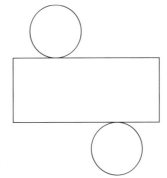 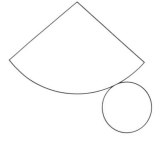

2

a 画一个棱柱。

b 给你画的棱柱命名。

c 描述一下你所画的棱柱。

_____

_____

_____

命名：_____

角是一条射线绕着它的端点，从一个位置旋转到另一个位置所形成的图形。

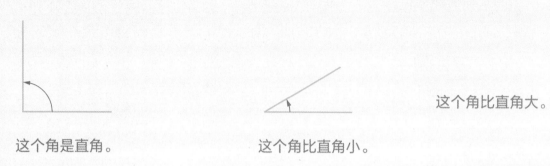

这个角是直角。

这个角比直角小。

这个角比直角大。

> 构成一个角的两条射线称为角的边。两条边的交点就是这个角的顶点。

趣味学习

勾选出下面的角是比直角小，还是比直角大。

a

☐ 更小

☐ 更大

b

☐ 更小

☐ 更大

c

☐ 更小

☐ 更大

d

☐ 更小

☐ 更大

e

☐ 更小

☐ 更大

f

☐ 更小

☐ 更大

1 在家里找出3个有直角的物体，并画出来。

2 圈出有直角的图形。

a

b

c

d

e

f

3 下列图形分别有多少个直角？

a

b

c

[ ] 个直角   [ ] 个直角   [ ] 个直角

4 观察钟表上所示的时针和分针的夹角，在相应的问题下写出相应的字母。

| A | B | C | D | E | F |

a 哪些时钟显示的角是一个直角？

_____

b 哪些时钟显示的角小于直角？

_____

c 哪些时钟显示的角大于直角？

_____

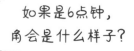
如果是6点钟，角会是什么样子？

---

5 a 在下面三个时钟上画出任意三个时间。

b 用顺时针方向的箭头表示时针和分针的夹角。

c 在方框中勾选出关于夹角的正确描述。

☐ 小于直角	☐ 小于直角	☐ 小于直角
☐ 直角	☐ 直角	☐ 直角
☐ 大于直角	☐ 大于直角	☐ 大于直角

1 **a** 在家里找出4个有角的物体，并画出来。

b 描述一下你选的物体的角和直角比较大小后的结果。

角1

_____

角2

_____

角3

_____

角4

_____

2 将大小相同的角连线。

如果一个图形的一侧是另外一侧的镜像，那么这个图形就是轴对称的。

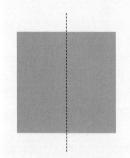

正方形是轴对称的。

这只蝴蝶是轴对称的。

这只手不是轴对称的。

还有哪些图形是轴对称的？

趣味学习

判断下列图形是不是轴对称的，并在相应的方框里打钩。

a

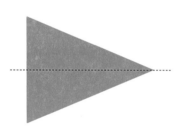

☐ 轴对称

☐ 非轴对称

b

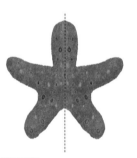

☐ 轴对称

☐ 非轴对称

c

☐ 轴对称

☐ 非轴对称

d

☐ 轴对称

☐ 非轴对称

e

☐ 轴对称

☐ 非轴对称

f

☐ 轴对称

☐ 非轴对称

1 画出下列每个图形的一条对称轴。

a

b

c

d

e

f

2 画出下列每个图形的两条对称轴。

a

b

c

d

e

f

3　a　第2题中的哪个图形恰好有3条对称轴？

_____

　　b　第2题中的哪些图形恰好有4条对称轴？

_____

4 a 找出4个轴对称图形，并画出来。

b 画出每个图形的一条对称轴。

5 圈出下列具有轴对称性的图形。

a

b

c

d

e

你是轴对称的吗？

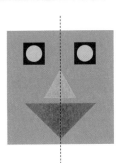

1 画一个由多个图形组成的具有轴对称性的图案。

2 在网格上设计一个具有轴对称性的图案，确保图案的一侧翻转后能与另一侧的图案完全重合。

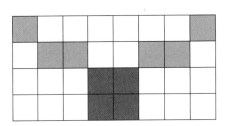

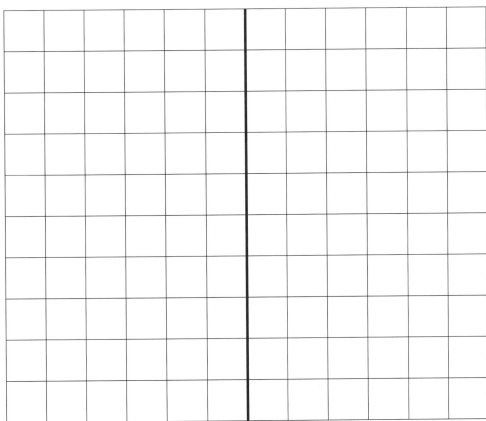

8.2 平移和旋转

我们周围到处都是平移和旋转的例子。

这是平移现象。

这是旋转现象。

平移这个词还有别的意思吗?

趣味学习

平移还是旋转?

a

平移	旋转

b

平移	旋转

c

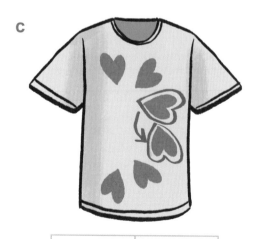

平移	旋转

d

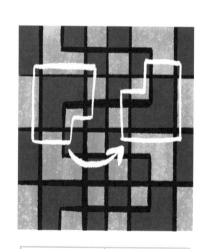

平移	旋转

1 **按照规律画出正确的图案。**

a 平移，再顺时针转四分之一圈。

b 顺时针转半圈，再顺时针转四分之一圈。

c 顺时针转半圈，再平移。

d 逆时针转四分之一圈，再逆时针转半圈。

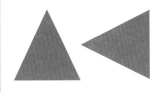

e 顺时针转半圈，平移，再逆时针转四分之一圈。

2   a   设计一组平移和旋转得来的图案。

b   写出你的图案变换规律。

_____

_____

> 翻转是指物体被翻到它自身镜像的位置。

3   平移、旋转还是翻转?

a

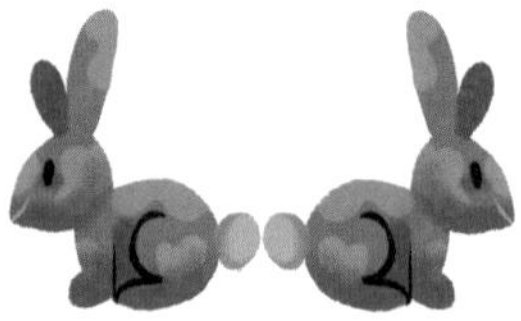

_____

b

_____

c

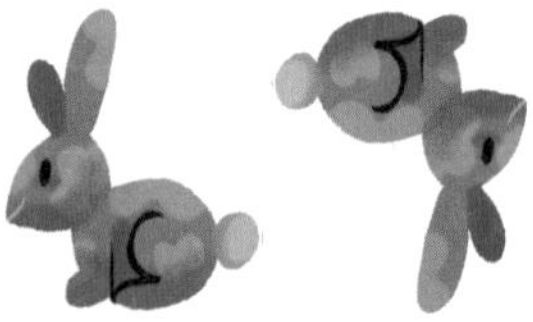

_____

4   在家里找出2个翻转、平移或旋转得来的图案的例子。

a   画出每个图案。

b   标注是用哪种转化得到的图案。

1 圈出并标记下列设计中的翻转、旋转和平移。

a

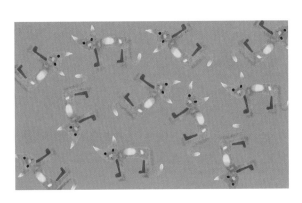

b

c

d

2 使用平移、旋转和翻转的方法，为你自己的T恤设计图案。

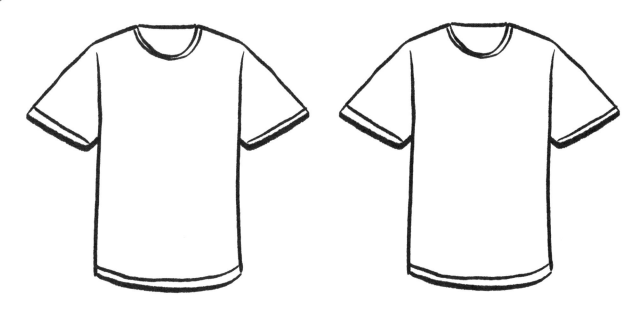

8.3 网格和地图

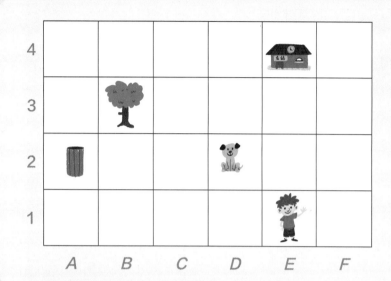

树在 *B*3 处。

男孩在 *E*1 处。

车站在 *E*4 处。

为了找到*D*2的位置，将一个手指放在*D*上，另一个手指放在2上，沿着直线移动直到它们相会。

趣味学习

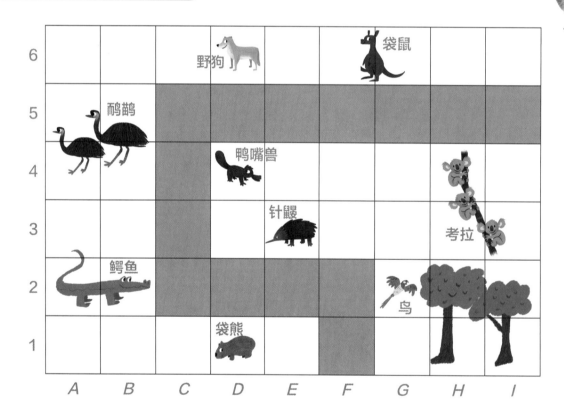

观察上图，在下列位置的分别是什么动物？

a　*D*1 _____

b　*D*6 _____

c　*G*2 _____

d　*A*2 _____

e　*D*4 _____

f　*H*4 _____

1 把字母写在正确的方格内。

a E 在 *C*4

b F 在 *E*2

c N 在 *H*4

d L 在 *D*3

e D 在 *F*4

f W 在 *B*5

g O 在 *G*3

h G 在 *I*5

---

2 写出下列地点在网格中的位置。

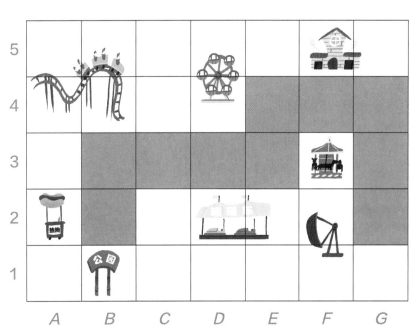

a 公园入口：_____

b 热狗摊：_____

c 碰碰车：_____ 和 _____

d 过山车：_____，_____，_____ 和 _____

e 海盗船：_____ 和 _____

f 摩天轮：_____ 和 _____

3 观察下图，回答问题。

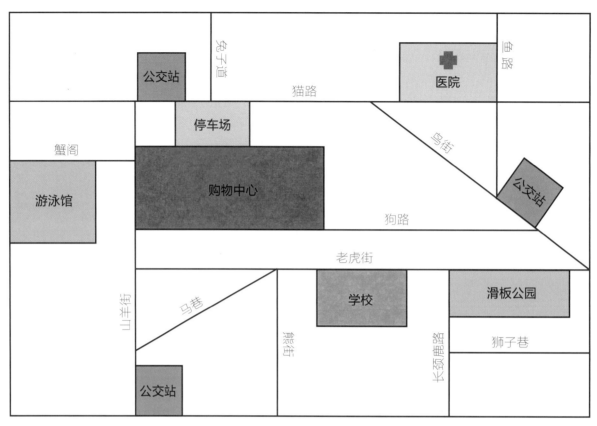

a 滑板公园在哪两条路上？

_____

b 医院在哪两条路上？

_____

4 **在上图中按照下列路线行走。**

当你左转或右转的时候，记得考虑你在地图上的位置。

a 从鸟街的公交站出发。

b 沿着鸟街走到猫路。

c 左转到猫路。

d 继续走，直到你走到山羊街。

e 左转，走到狗路的拐角处。

f 你现在在哪里？ _____

5 **根据上图，写出从游泳馆到学校的路线。**

_____

_____

1 绘制一张你的教室或学校的地图。

----

2 在你绘制的地图上找出一个地方到另一个地方的路线，并写下来。

_____

_____

_____

----

3 这是一个公园的俯瞰图。

写出下列物体在网格中的位置。

a 树 _____

b 野餐桌 _____

c 滑梯 _____

d 鸭子 _____

你可以通过不同的方法收集数据。

观察

调查

测试结果

其他来源

> 调查你们班同学喜欢去哪里度假，哪一种方法最合适？

趣味学习

1 将数据与收集它的最佳方法连线。

| 班上同学
最喜欢的食物 | 全国居民
最喜欢的食物 | 午饭时经过
学校门口的人数 | 班上知道乘法
口诀表的学生 |

| 观察 | 调查 | 测试结果 | 其他来源，如政府
部门的统计数据 |

2 如果你问同学以下问题，你可能会得到什么答案？

a 他们最喜欢的运动：_____

b 他们最喜欢的颜色：_____

c 他们养的宠物：_____

1 **完成调查并记录。**

a 为了找到你同学的喜好，设计一个调查问题。

_____

b 用你的问题调查10个人，并将他们的回答记录在表格中。

回答	人数									
	1	2	3	4	5	6	7	8	9	10

2 **如果你想知道你的同学有多少兄弟姐妹，圈出最好的问题。**

a 你有兄弟姐妹吗？

b 你家里有几口人？

c 你有几个兄弟姐妹？

3 **用你选出的问题调查5个人，记录他们的答案。**

	0	1	2	3	4或更多
兄弟姐妹的人数					

4 这个列表中的数据是通过调查收集的。用计数的方法将数据重新填写到表格中。

调查问题：你最喜欢的颜色是什么？

列表

蓝色，红色，蓝色，绿色，红色，
红色，绿色，蓝色，粉色，红色，
蓝色，红色

表格

颜色	数量

5 调查你班上的12个人最喜欢的动物。

a 写下你要问他们的问题。

_____

b 列出他们的回答。

c 用表格记录他们的回答。

1 下面这些图形被分成了3组。

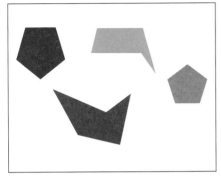  

a 它们是根据什么分组的?

_____

b 你是怎么找到分组根据的?

_____

2 **完成以下任务**。

a 写下一项你可以在课堂上通过观察收集数据的任务。

_____

b 将数据记录在表格中。

9.2 统计图

这是一个条形统计图。

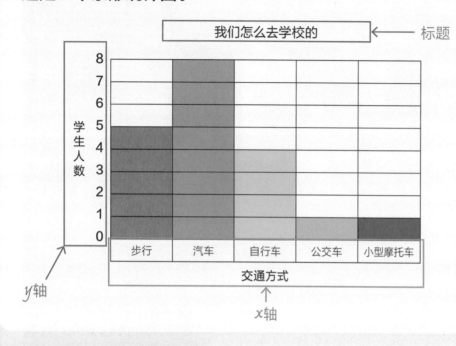

x轴也叫横轴，
y轴也叫纵轴。

趣味学习

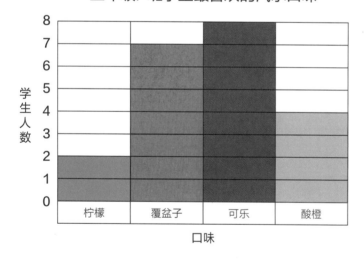

三年级P班学生最喜欢的汽水口味

a   这个统计图的标题是什么？

_____

_____

b x轴表示什么？

_____

c y轴表示什么？

_____

d   记录了多少种不同的汽水口味？ _____

e y轴上最大的数量是多少？ _____

f   哪种口味喜欢的人数最少？ _____

1 这个表格显示了三年级S班学生一周中最喜欢的一天。

	星期一	星期二	星期三	星期四	星期五	星期六	星期日
学生人数	I	I I I	I I	I I	I I I I	卌 卌 I	卌 I I I

a 用这些数据完成下面的统计图。

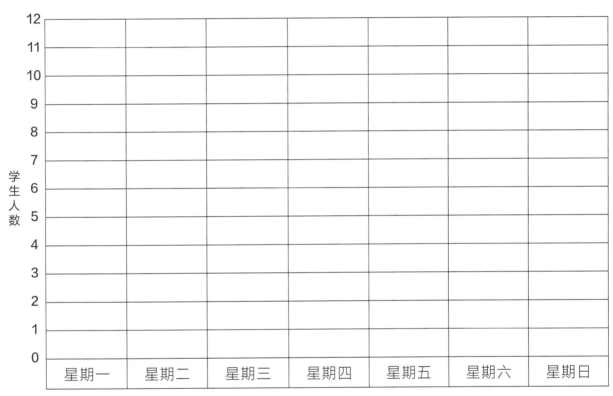

三年级S班学生一周中最喜欢的一天

星期几

b 哪一天最受欢迎? _____

c 哪一天最不受欢迎? _____

d x轴表示什么? _____

e y轴表示什么? _____

f 被记录最多学生的那一天,学生数量是多少? _____

a 调查10位同学最喜欢的一餐，并将数据记录到列表中。

b 用数据做一个象形统计图。

	人数
早餐	
午餐	
晚餐	

象形统计图是用象形图像表示数据的一种方式。

c 哪一餐最受欢迎？ _____

d 有多少人喜欢早餐？ _____

3 根据条形统计图的信息，用计数的方法填写表格。

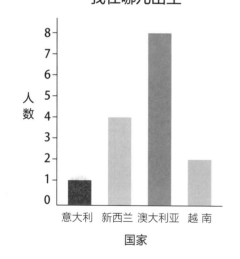

我在哪儿出生

我在哪儿出生

国家			
人数			

调查15名同学，统计他们在各自家族中的出生顺序。

a 在表格中记录你调查的结果。

序号	第1个	第2个	第3个	第4个	第5个	第6个或往后
学生人数						

b 用结果做一个象形统计图。

第1个	
第2个	
第3个	
第4个	
第5个	
第6个或往后	

c 用结果做一个条形统计图。

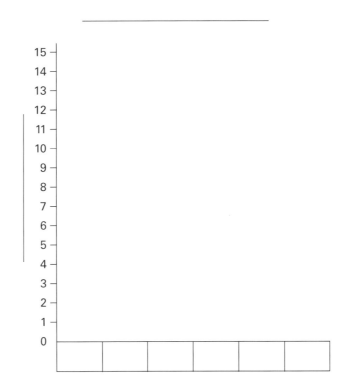

d 给上面两个统计图分别起标题和标签名称。

e 你觉得哪个统计图更容易阅读？为什么？

_____

_____

9.3 数据分析

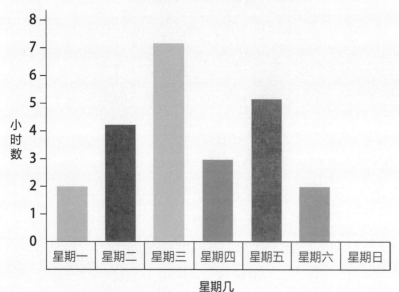

奥列格本周训练的小时数

- 奥列格周三的训练时间最长。
- 周日他没有做任何训练。
- 他周一进行了2个小时的训练。

这个统计图还告诉了我们什么信息？

趣味学习

用下列数据回答问题。

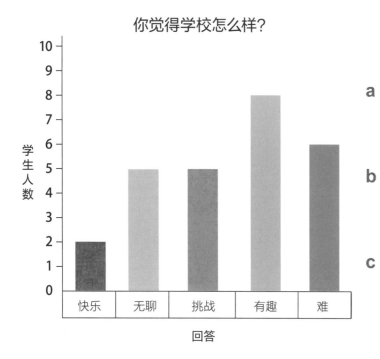

你觉得学校怎么样？

a 哪个回答的人数最多？

_____

b 哪个回答的人数最少？

_____

c 哪个回答有6名学生选择？

_____

d 哪两个回答，选择的人数是相同的？

_____ _____

e 有多少名学生接受了调查？ _____

1 用下列数据回答问题。

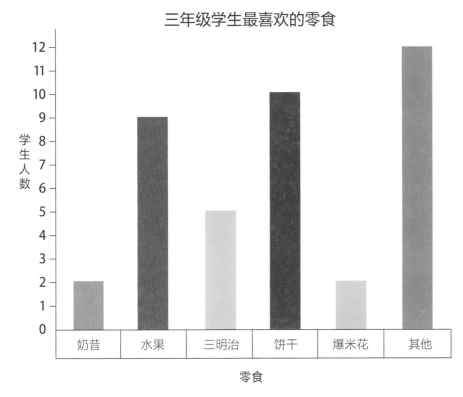

三年级学生最喜欢的零食

a   选择水果的学生比选择爆米花的学生多多少？ _____

b   选择奶昔的学生多还是选择饼干的学生多？ _____

c   "其他"可能是什么？ _____

2 结合第1题统计图中的数据，写4条你能得出的结论。

_____

_____

_____

_____

_____

_____

3 下列统计图显示了5名学生在一个足球赛季的进球数。

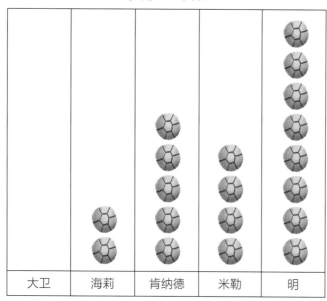

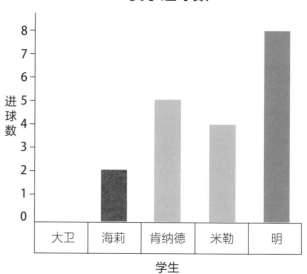

a 列出条形统计图上有但是象形统计图上没有的两个特征。

_____

_____

_____

你怎么知道哪个是条形统计图？

b 什么时候可以使用第一种类型的统计图？

_____

c 什么时候可以使用第二种类型的统计图？

_____

d 根据统计图中的数据陈述两个事实。

_____

_____

e 进球最多的学生比进球最少的学生多进多少个球？

_____

f 这个赛季学生们的总进球数是多少个？

_____

完成以下任务。

a 选择一个调查的主题（比如最喜欢的食物），写一个问题问你的同学。

主题： _____   问题： _____

b 调查12名同学，并记录他们的回答。

c 用统计图表示结果。

d 写出关于数据的3条结论。

_____

_____

_____

9.4 图 表

可以使用图表，以不同的方式对信息进行分类。

可以用韦恩图[①]。

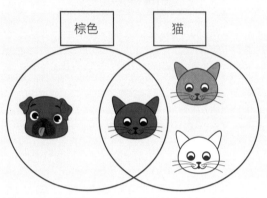

可以用卡罗尔图表[②]。

	猫	狗
棕色		
非棕色		

除此之外，还能怎么分类？

趣味学习

a 把上面的猫和狗分别填入韦恩图中正确的位置。

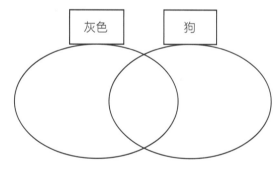　　　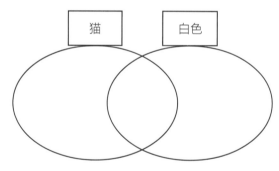

b 将上面的猫和狗分别填入卡罗尔图表中的正确位置。

	猫	狗
白色		
非白色		

	灰色	非灰色
猫		
狗		

---

① 韦恩图：又叫文氏图，用平面上封闭曲线的内部代表集合，以及用以表示集合之间的关系。

② 卡罗尔图表：类似于韦恩图的表格，用于交叉分类。

1 观察这些图形，完成下列题目。

a 用韦恩图和卡罗尔图表对图形进行分类。

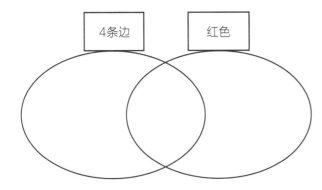

	4条边	非4条边
蓝色		
非蓝色		

b 哪些图形既不是蓝色的，也没有4条边？ _____

c 哪个图形是红色的，有4条边？ _____

2 下列图形是如何分类的？在韦恩图和卡罗尔图表上写出标签名称。

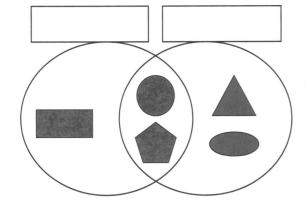

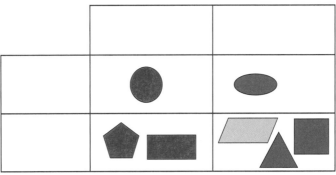

3 用下列数来填写韦恩图。

30	18	23	11
15	12	13	5
21	6	27	3

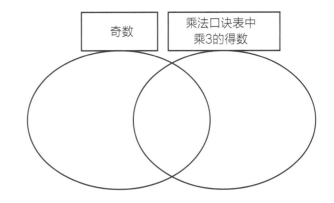

4 如果你说投掷一枚硬币会得到正面，你可能是对的，也可能是错的。你能连续两次得到正面吗？

我们可以用树形图来表示投掷两次硬币所得结果的可能性。

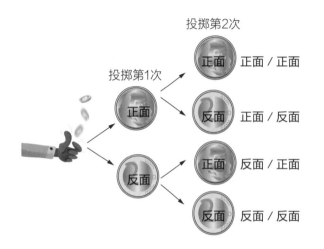

有四种可能的结果：

- 先正面，再正面
- 先正面，再反面
- 先反面，再正面
- 先反面，再反面

"正面和正面"只有一种可能。这意味着有四分之一的机会得到两次正面。

a 出现"反面和反面"的可能性用分数表示是多少？ _____

b 出现"正面和反面"（不分先后）的可能性用分数表示是多少？ _____

---

5 这是比利的袜子游戏。盒子里有四只袜子——两只是红色的，两只是蓝色的（袜子的颜色不同，其他均相同）。

比利的妈妈蒙上他的眼睛，说："先取出一只袜子，再取出一只袜子。"他能得到一双颜色相同的袜子吗？

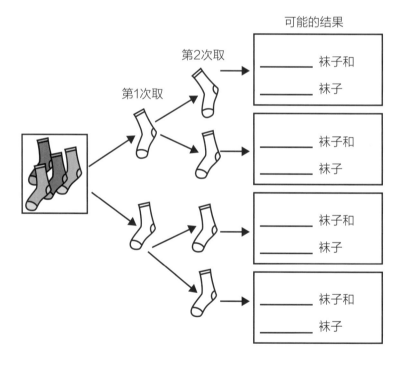

a 涂色完成树形图，表示可能的结果。

b 在下面圈出正确的答案。得到一双蓝色袜子的可能性：

比得到一双红色的小　　　　比得到一双红色的大　　　　和得到一双红色的相同

c 取出一双红袜子的可能性用分数表示是多少？ _____

d 为什么取出一双颜色不同的袜子比取出一双蓝色袜子的可能性大？ _____

_____

1 完成下列题目。

a 用下面的数字来完成图表。

50　　24　　6　　35　　36　　10　　21　　40　　18　　12

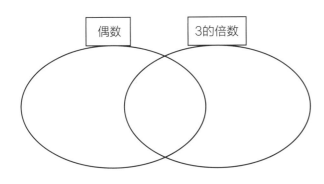

	5的倍数	3的倍数
2的倍数		
7的倍数		

b 在韦恩图上两个圈重叠的地方，再写一个题目中没有列举出来的数。＿＿＿＿＿＿＿＿

c 在卡罗尔图表上，还有哪个数可以和21写在同一个位置？＿＿＿＿＿＿＿＿＿＿＿＿

2 三年级有一个特别的帽子日。学生可以选择一顶红色、蓝色或黄色的帽子。他们可以用花、星星或笑脸来装饰帽子。

a 完成树形图，表示学生可以制作出的不同帽子。

b 一共有多少种不同的帽子？＿＿＿＿＿＿＿＿＿

c 三年级有36个孩子。有多少顶帽子可能是红色的，并且有一朵花？＿＿＿＿＿＿＿＿＿

如果你有两种口味的冰激凌和两种配料，以下是你可以搭配出来的组合：

带糖霜的香草
口味冰激凌

带坚果的香草
口味冰激凌

带糖霜的草莓
口味冰激凌

带坚果的草莓
口味冰激凌

可能的组合也可以称为"情况"。

趣味学习

a　预测一下用三种口味和两种配料组合，有多少种情况。

b　画出或写出每一种组合。

c　实际有多少种情况？_____

1 **完成下列题目。**

a 贾瓦德把一个红色弹珠、一个蓝色弹珠、一个绿色弹珠和一个黄色弹珠放在盒子里。如果他一次抽出两个弹珠，列出所有可能的情况。

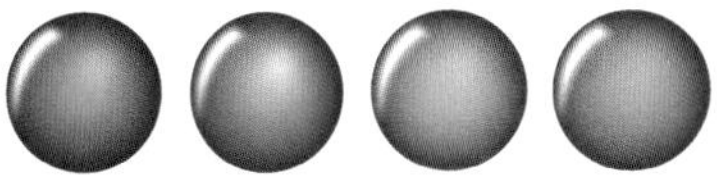

b 如果他再放入一个紫色弹珠，情况会发生变化吗？ _____

c 列出或画出加入紫色弹珠后所有可能的情况。

d 放入紫色弹珠后，有多少种情况？ _____

e 贾瓦德第一次尝试时，抽出红色弹珠的可能性有多大？

　　　　不可能　　　　不大可能　　　　极有可能　　　　一定

f 抽到黑色弹珠的可能性有多大？

　　　　不可能　　　　不大可能　　　　极有可能　　　　一定

2 **完成下列题目。**

a 这个转盘指针指向的区域颜色有多少种可能的情况？

_____

b 指针指向下列颜色区域的可能性有多大？

| i | 红色： _____ | ii | 绿色： _____ |

| iii | 粉色： _____ | iv | 黄色： _____ |

c 指针最有可能指向哪个颜色区域？

_____

d 指针最不可能指向哪个颜色区域？

_____

> 什么时候你需要知道事情发生的可能性？

3 **按照下列要求，给转盘涂色。**

a 最有可能指向绿色区域。

b 最不可能指向蓝色区域。

c 不可能指向黄色区域。

d 有可能指向红色区域。

4 **如果你投掷硬币，可能有多少种结果？**

a 1 枚硬币： _____

b 2 枚硬币： _____

5 **你认为人们为什么用扔硬币来做决定？**

_____

1 一个盒子里有1个红色的计算器和1个蓝色的计算器。如果一个接一个地把计算器从盒子中取出，其顺序可能有2种情况：

红　蓝　　　或　　　蓝　红

a　如果有3种颜色，预测可能有多少种情况。

_____

b　画出或列出添加粉色计算器后可能的情况。

---

2 写出从这台机器中掉落口香糖的3条可能性陈述。

1. _____

_____

2. _____

_____

3. _____

_____

10.2 随机实验

投掷了6次骰子后，佩妮记录了以下结果。

情况	1	2	3	4	5	6
次数	‖	∣	‖‖	‖		∣

如果佩妮再投掷一次，你觉得会是什么数字？

趣味学习

现在轮到你了。

a   预测你用1个骰子投掷6次的结果。

情况	1	2	3	4	5	6
预测的次数						

b   进行实验，并记录结果。

情况	1	2	3	4	5	6
实际的次数						

c   你的预测对吗？ _____

d   为什么对或不对？

_____

_____

1 **完成下列练习。**

a 投掷一个骰子6次，并记录结果。

情况	1	2	3	4	5	6
次数						

b 如果你重复这个实验，你认为结果会一样吗？为什么？

_____

_____

c 再投掷这个骰子6次。

情况	1	2	3	4	5	6
次数						

d 结果相同吗？为什么？

_____

_____

e 如果再做一次实验，你猜会怎样？

_____

_____

f 如果你用一个10面的骰子重复这个实验，结果会有什么不同呢？

_____

_____

2 完成下列练习。

a 如果你投掷一枚硬币，2种可能的结果是什么？

_____   _____

b 如果你投掷两枚硬币，4种可能的结果是什么？

_____   _____

_____   _____

c 投掷两枚硬币，进行20次实验并记录结果。

结果	反面 / 反面	反面 / 正面	正面 / 反面	正面 / 正面
次数				

d 哪个结果出现得最多？ _____

e 哪个结果出现得最少？ _____

f 你认为你的结果和其他人的结果一样吗？ _____

你有通过扔硬币来做决定的经历吗？

g 对比你的结果和你同学的结果。关于随机，你得到了怎样的启发？

_____

_____

- -

3 圈出与随机性有关的活动。

- 抽奖中奖
- 感冒

- 在拼写测试中获得满分
- 和朋友一起去看电影

拓展运用

将5个不同颜色的计算器放入一个容器中。

a 如果你拿出一个计算器，你认为它的颜色是什么？为什么？

_____

_____

b 进行25次实验，每次取出计算器后再放回到盒子中。完成表格并记录你的结果。

结果					
次数					

c 根据结果绘制象形统计图。

计算器实验的结果

次数

颜色	

d 写出跟结果有关的2条陈述。

1. _____

_____

2. _____

_____

答案 （请注意，如果一个问题有多种答案，那么将给出最可能的一种答案。）

第1单元　数和位值
1.1 位　值

趣味学习

a

b

独立练习

1　a　四千五百六十八

　　b　八千零四十三

　　c　七千一百零九

2

千位	百位	十位	个位
4	5	6	8
8	0	4	3
7	1	0	9

3　a　2265　　　　b　3057

4

事件序号	人数
3	5255
1	4891
5	3971
6	3812
2	1693
4	1688

5　8710

6　a　8720　　b　8700　　c　8730
　　d　8690　　e　8810　　f　8610
　　g　8910　　h　8510　　i　9710
　　j　7710

7　2338

拓展运用

1　a

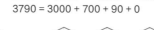

3790 = 3000 + 700 + 90 + 0

b

8052 = 8000 + 50 + 2

c

24160 = 24000 + 100 + 60

2　a　4012　　　　b　6889
　　c　1024　　　　d　19875

3　a　9979　　　1070
　　b　9499　　　1400

1.2 奇数和偶数

趣味学习

注意：给物体组对的方法有很多，根据是否有剩余物体，就能判断是奇数还是偶数。

a　奇数　　　　　b　奇数
c　奇数　　　　　d　偶数

独立练习

1　a　奇数

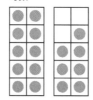

b　偶数

c　偶数

d　偶数

e　奇数

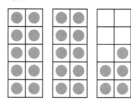

f　奇数

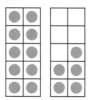

2　a

21	23	25	27	29	31	33	35	37

b

44	46	48	50	52	54	56	58	60

c

20	24	28	32	36	40	44	48	52

3　a-b

㉛	㉜	㉝	㉞	㉟	㊱	㊲	㊳	㊴	㊵
㊶	㊷	㊸	㊹	㊺	㊻	㊼	㊽	㊾	㊿
51	52	53	54	55	56	57	58	59	60

c　2, 4, 6, 8, 0（任意顺序）

d　1, 3, 5, 7, 9（任意顺序）

4

奇数	偶数
143	76
103	258
575	1974
1361	3870
867	5002
9999	9998

5　a　奇数　　　　b　偶数
　　c　偶数　　　　d　偶数

拓展运用

1　a　8　　b　24　　c　36　　d　偶数

2　a　8　　b　28　　c　30　　d　偶数

3　a　9　　b　27　　c　39　　d　奇数

4　a　11　　b　27　　c　37　　d　奇数

5　a　偶数　　　b　奇数　　　c　奇数
　　d　偶数　　　e　偶数　　　f　奇数

1.3 加法口算

趣味学习

a	7	17	**b**	8	18
c	10	20	**d**	5	25

独立练习

1
a	9	29	**b**	8	18
c	6	26	**d**	9	39
e	10	40		

2
a 已知 3 + 3 = 6，
那么 30 + 30 = 60。
b 已知 4 + 4 = 8，
那么 40 + 40 = 80。
c 已知 5 + 5 = 10，
那么 50 + 50 = 100。
d 已知 2 + 2 = 4，
那么 20 + 20 = 40。
e 已知 8 + 8 = 16，
那么 80 + 80 = 160。
f 已知 1 + 1 = 2，
那么 100 + 100 = 200。
g 已知 6 + 6 = 12，
那么 600 + 600 = 1200。
h 已知 7 + 7 = 14，
那么 700 + 700 = 1400。

3
a 35
b 50 + 7 = 57   **c** 80 + 7 = 87
d 80 + 9 = 89   **e** 60 + 10 = 70

4
a 17
b 25 + 5 + 4 = 34
c 17 + 3 + 2 + 4 = 26
d 11 + 19 + 3 + 2 = 35

5
a	180	**b**	98	**c**	41
d	40	**e**	89	**f**	1000
g	78	**h**	50		

拓展运用

1
a 8 + 7 + 12 = 27
b 7 + 12 + 23 = 42
c 8 + 221 + 39 = 268

2
a 54 + 39 = 93
b 221 + 23 = 244
c 135 + 54 = 189
d 221 + 135 = 356
e 23 + 8 + 12 + 7 = 50

1.4 加法笔算

趣味学习

a 37

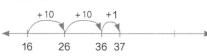

---

b 59

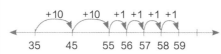

c 179

独立练习

a 97

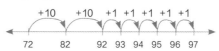

b 169

c 294

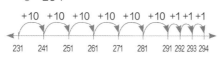

d 361

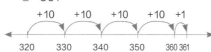

e 439

趣味学习

a	96	**b**	168	**c**	387
d	746	**e**	879	**f**	996
g	474	**h**	888	**i**	909

独立练习

1

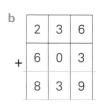

2

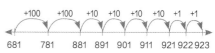

拓展运用

1 a 802

b 923

2
a 1788
b 3519
c 7587

3 867。选择正确的方法，写清楚步骤，算出正确
答案。

1.5 减法口算

趣味学习

a	3	13	**b**	7	17
c	2	12	**d**	4	24

独立练习

1
a	2	12	**b**	1	21	**c**	5	15
d	6	26	**e**	3	33	**f**	2	82
g	3	93					

2
a 22
b 48 - 10 - 5 = 33
c 52 - 20 - 1 = 31
d 67 - 30 - 4 = 33
e 96 - 20 - 5 = 71
f 124 - 10 - 3 = 111
g 389 - 50 - 7 = 332

3
a 18
b 32 - 2 - 5 = 25
c 35 - 5 - 4 = 26
d 21 - 1 - 5 = 15
e 43 - 3 - 2 = 38
f 64 - 4 - 3 = 57
g 76 - 6 - 3 = 67
h 145 - 5 - 3 = 137

拓展运用

1 a 2　20　　b 7　70　　c 4　40
　d 2　200　　e 1　100

2 a 14个　　　b 59人
　c 141杯　　d 124件
检查孩子是否能够说清楚如何得出答案,以及使用了哪种口算方法。

1.6 减法笔算

趣味学习

a 23

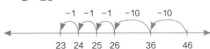

b 23

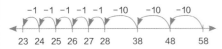

c 222

独立练习

a 64

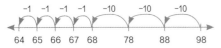

b 317

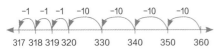

c 747

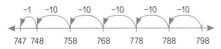

d 473

e 169

趣味学习

a 23　　　b 447　　c 575
d 732　　e 223　　f 504
g 200　　h 730　　i 333

独立练习

1　a

	2	7
−	1	4
	1	3

b

	5	3
−	3	1
	2	2

c

	8	6
−	3	6
	5	0

d

	1	7	3
	1	6	2
		1	1

e

	7	9	7
−	4	9	3
	3	0	4

f

	8	9	6
−	2	0	1
	6	9	5

2　a

	9	8
−	5	7
	4	1

b

	6	4	5
−	4	1	4
	2	3	1

拓展运用

1 a 526

b 285

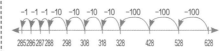

2 a 5214
　b 2662
　c 2511

3 515。选择正确的方法,写清楚步骤,算出正确答案。

1.7 逆运算

趣味学习

1 a 7　　　　b 24　　　c 38
2 a 9　　　　b 27　　　c 43

独立练习

1 a 6 + 4 = 10　4 + 6 = 10
　10 − 6 = 4　10 − 4 = 6

　b 17 + 7 = 24　7 + 17 = 24
　24 − 7 = 17　24 − 17 = 7

　c 17 + 12 = 29　12 + 17 = 29
　29 − 17 = 12　29 − 12 = 17

　d 40 + 8 = 48　8 + 40 = 48
　48 − 8 = 40　48 − 40 = 8

　e 45 + 37 = 82　37 + 45 = 82
　82 − 37 = 45　82 − 45 = 37

　f 100 + 26 = 126　26 + 100 = 126
　126 − 26 = 100　126 − 100 = 26

2 a 14 + 17 = 31　17 + 14 = 31
　31 − 14 = 17　31 − 17 = 14

　b 32 + 46 = 78　46 + 32 = 78
　78 − 32 = 46　78 − 46 = 32

　c 15 + 33 = 48　33 + 15 = 48
　48 − 15 = 33　48 − 33 = 15

　d 16 + 39 = 55　39 + 16 = 55
　55 − 16 = 39　55 − 39 = 16

　e 97 + 70 = 167　70 + 97 = 167
　167 − 97 = 70　167 − 70 = 97

　f 143 + 135 = 278
　135 + 143 = 278
　278 − 143 = 135
　278 − 135 = 143

拓展运用

1 a 34 + 28 等同于 34 + 30 − 2 = 62

　b 26 + 29 等同于 26 + 30 − 1 = 55

　c 53 + 49 等同于 53 + 50 − 1 = 102

　d 45 + 27 等同于 45 + 30 − 3 = 72

　e 54 + 17 等同于 54 + 20 − 3 = 71

2 a 2 × 10 = 20　10 × 2 = 20
　20 ÷ 2 = 10　20 ÷ 10 = 2

　b 4 × 12 = 48　12 × 4 = 48
　48 ÷ 4 = 12　48 ÷ 12 = 4

　c 8 × 7 = 56　7 × 8 = 56
　56 ÷ 7 = 8　56 ÷ 8 = 7

　d 9 × 11 = 99　11 × 9 = 99
　99 ÷ 11 = 9　99 ÷ 9 = 11

3 a 73　　　　b 1532

趣味学习

1　**a**　15被平分成3组，每组是5个。
　　b　12被平分成6组，每组是2个。
　　c　28被平分成4组，每组是7个。

2　**a**　3个3是9。
　　b　8个2是16。
　　c　3个6是18。

独立练习

1　**a**　$3 \times 4 = 12$，$4 \times 3 = 12$
　　b　$5 \times 10 = 50$，$10 \times 5 = 50$
　　c　$5 \times 6 = 30$，$6 \times 5 = 30$
　　d　$10 \times 4 = 40$，$4 \times 10 = 40$

2　注意：答案可以是任意顺序。
　　a　$3 \times 9 = 27$，$9 \times 3 = 27$，
　　　　$27 \div 3 = 9$，$27 \div 9 = 3$
　　b　$10 \times 2 = 20$，$2 \times 10 = 20$，
　　　　$20 \div 2 = 10$，$20 \div 10 = 2$
　　c　$8 \times 5 = 40$，$5 \times 8 = 40$，
　　　　$40 \div 5 = 8$，$40 \div 8 = 5$
　　d　$7 \times 10 = 70$，$10 \times 7 = 70$，
　　　　$70 \div 10 = 7$，$70 \div 7 = 10$

3　**a**　3　　　**4**　**a**　$3 \div 3 = 1$
　　b　6　　　　　**b**　$6 \div 3 = 2$
　　c　9　　　　　**c**　$9 \div 3 = 3$
　　d　12　　　　**d**　$12 \div 3 = 4$
　　e　15　　　　**e**　$15 \div 3 = 5$
　　f　18　　　　**f**　$18 \div 3 = 6$
　　g　21　　　　**g**　$21 \div 3 = 7$
　　h　24　　　　**h**　$24 \div 3 = 8$
　　i　27　　　　**i**　$27 \div 3 = 9$
　　j　30　　　　**j**　$30 \div 3 = 10$

5　**a**　4　　　**b**　9　　　**c**　6
　　d　7　　　**e**　7　　　**f**　9

6　**a**　$5 \times 4 = 20$ 或 $4 \times 5 = 20$
　　b　$9 \times 2 = 18$ 或 $2 \times 9 = 18$
　　c　$6 \times 10 = 60$ 或 $10 \times 6 = 60$
　　d　$7 \times 5 = 35$ 或 $5 \times 7 = 35$
　　e　$2 \times 7 = 14$ 或 $7 \times 2 = 14$
　　f　$9 \times 10 = 90$ 或 $10 \times 9 = 90$

拓展运用

1　**a**　15块　　　**b**　30块
　　c　35块　　　**d**　50块

2　**a**　8块　　　**b**　4块
　　c　3块　　　**d**　12块

3　**a**

姓名	卖出的物品数/件	每件物品的价格/元	收到的钱数/元
米卡	8	5.00	40.00
安迪	10	2.00	20.00
塞丽娜	6	10.00	60.00
索菲娅	5	9.00	45.00
郝拉	9	4.00	36.00

　　b　安迪
　　c　塞丽娜
　　d　80.00元
　　e　100.00元
　　f　7件

趣味学习

　　a　9, 12, 15, 18
　　b　6, 8, 10, 12, 14, 16
　　c　10, 20, 30
　　d　5, 10, 15, 20, 25, 30, 35
　　e　3, 6, 9, 12, 15, 18, 21, 24

独立练习

1　**a**　$8 \times 4 = 8 \times 2 \times 2 = 16 \times 2 = 32$

　　b　$20 \times 4 = 20 \times 2 \times 2 = 40 \times 2$
　　　　$= 80$

　　c　$12 \times 4 = 12 \times 2 \times 2 = 24 \times 2$
　　　　$= 48$

　　d　$30 \times 4 = 30 \times 2 \times 2 = 60 \times 2$
　　　　$= 120$

2　**a**　$16 \div 2 = 8$　$8 \div 2 = 4$
　　　　所以 $16 \div 4 = 4$。

　　b　$40 \div 2 = 20$　$20 \div 2 = 10$
　　　　所以 $40 \div 4 = 10$。

　　c　$60 \div 2 = 30$　$30 \div 2 = 15$
　　　　所以 $60 \div 4 = 15$。

3　**a**　$2 \times 13 = 26$，所以 $26 \div 2 = 13$。
　　b　$3 \times 9 = 27$，所以 $27 \div 3 = 9$。
　　c　$5 \times 9 = 45$，所以 $45 \div 5 = 9$。
　　d　$5 \times 11 = 55$，所以 $55 \div 5 = 11$。
　　e　$10 \times 12 = 120$，所以 $120 \div 10 = 12$。

4　**a**　30　　**b**　90　　**c**　10
　　d　3　　　**e**　32　　**f**　12
　　g　6　　　**h**　80.00

拓展运用

　　a　64个
　　b　21人
　　c　60人
　　d　20个

趣味学习

　　a　$2 \times 20 + 2 \times 6 = 40 + 12 = 52$
　　b　$4 \times 10 + 4 \times 4 = 40 + 16 = 56$
　　c　$3 \times 10 + 3 \times 9 = 30 + 27 = 57$

独立练习

1　**a**　$5 \times 13 = 5 \times 10 + 5 \times 3 =$
　　　　$50 + 15 = 65$

　　b　$6 \times 21 = 6 \times 20 + 6 \times 1 =$
　　　　$120 + 6 = 126$

　　c　$4 \times 32 = 4 \times 30 + 4 \times 2 =$
　　　　$120 + 8 = 128$

　　d　$7 \times 24 = 7 \times 20 + 7 \times 4 =$
　　　　$140 + 28 = 168$

　　e　$5 \times 45 = 5 \times 40 + 5 \times 5 =$
　　　　$200 + 25 = 225$

　　f　$8 \times 33 = 8 \times 30 + 8 \times 3 =$
　　　　$240 + 24 = 264$

　　g　$3 \times 58 = 3 \times 50 + 3 \times 8 =$
　　　　$150 + 24 = 174$

2　**a**

×	20	7
4	80	28

= 108

b

×	30	6
6	180	36

= 216

c

×	50	3
5	250	15

= 265

d

×	60	2
3	180	6

= 186

e

×	80	4
5	400	20

= 420

f

×	40	8
4	160	32

= 192

g

×	90	5
2	180	10

= 190

拓展运用

能够选择适当的方法来解决问题，还需要能够写清楚步骤来得出正确的答案。

a 148　　　　　　　**b** 96人

c 190张　　　　　　**d** 101位

1.11 数量关系

趣味学习

a 18　　18
b 30　　30
c 14　　14
d 40　　40

独立练习

1 **a** 28　28　　**b** 38　38
c 26　26　　**d** 22　22

2 可能的答案如下：

a 6 + 4 + 7 + 3 = 20

b 18 + 2 + 5 + 5 = 30

c 14 + 6 + 9 + 1 = 30

d 23 + 7 + 6 + 14 = 50

3 可能的答案如下：

a 5 × 2 × 7 = 10 × 7 = 70

b 2 × 3 × 6 = 6 × 6 = 36

c 5 × 2 × 3 = 10 × 3 = 30

d 2 × 3 × 7 = 6 × 7 = 42

4 **a** 23　23 − 9 = 14

b 11　11 + 14 = 25

c 27　27 ÷ 3 = 9

d 8　8 × 5 = 40

e 21　21 + 21 = 42

f 55　55 ÷ 5 = 11

g 67　67 − 24 = 43

h 9　5 × 9 = 45

5 可能的解决方法如下：

a 5 × 3 = 15

b 3 + 17 + 4 = 20 + 4 = 24

c 2 × 5 × 9 = 10 × 9 = 90

d 18 + 12 + 7 + 3 = 30 + 10 = 40

e 6 × 4 = 24

f 90 ÷ 10 = 9

g 3 + 7 + 16 + 14 + 8 + 2
= 10 + 30 + 10 = 50

h 5 × 7 + 1 = 35 + 1 = 36

拓展运用

a 特兰的想法是错误的。因为：15 × 10 = 10 × 15 = 150，他们都有150张卡片。

b 3.00 + 7.00 + 8.00 + 12.00 + 4.00 + 16.00 + 11.00 + 9.00 + 5.00 + 5.00 = 80.00（元）

c 7 × 9 + 1 = 64（页）

d (13 + 18 + 24 + 17 + 22 + 16) ÷ 5 = 22（本）

第2单元　分数和小数
2.1 分　　数

趣味学习

a 其中三块应该被涂色。

b 其中一块应该被涂色。

c 其中一块应该被涂色。

d 其中三块应该被涂色。

e 其中四块应该被涂色。

f 其中二块应该被涂色。

独立练习

1 **a** $\frac{1}{3}$　　　**b** $\frac{3}{8}$　　　**c** $\frac{2}{5}$

d $\frac{2}{4}$ 或 $\frac{1}{2}$　**e** $\frac{5}{8}$　　**f** $\frac{4}{5}$

g $\frac{3}{4}$　　　**h** $\frac{3}{3}$

i $\frac{4}{8}$ 或 $\frac{1}{2}$　**j** $\frac{4}{6}$ 或 $\frac{2}{3}$

2

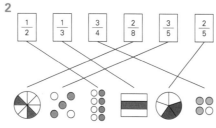

3 **a-d** 检查答案。能够将图形平分成正确数量，并且理解各部分的大小应该相等。

4 **a** $\frac{1}{5}$　　　**b** $\frac{1}{2}$

c $\frac{1}{5}$　　　**d** $\frac{1}{2}$

拓展运用

1 **a, c, e** 检查答案。能够画线将图形平分成正确数量，并且理解各部分的大小应该相等。

b $\frac{1}{2}$　　　**d** $\frac{1}{4}$　　　**f** $\frac{1}{8}$

g 任意的5个部分应该被涂色。

h $\frac{5}{8}$　　　**i** $\frac{3}{8}$

2 $\frac{1}{8}, \frac{1}{4}, \frac{1}{2}, \frac{5}{8}$

2.2 数轴上的分数

趣味学习

a

b

c

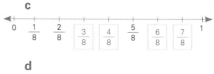

d

独立练习

1 **a**

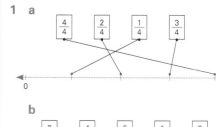

b

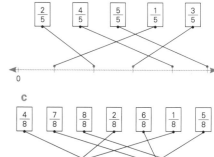

c

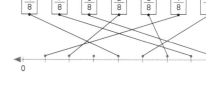

2 $\frac{3}{8}$

3 **a** 8个　　**b** 2个　　**c** 5个
d 3个　　**e** 4个

4 **a** $\frac{1}{2}$　　**b** $\frac{1}{5}$　　**c** $\frac{1}{3}$
d $\frac{2}{4}$　　**e** $\frac{2}{3}$　　**f** $\frac{4}{5}$

5 检查答案。孩子应该理解这两个分数的实际大小都是1。

输入	输出
64	55
48	39
56	47
30	21

减9

3 a

| 1 | 3 | 5 | 7 | 9 | 11 |

b 加2

4 a

| 18 | 15 | 12 | 9 | 6 | 3 |

b 减3

5 a-b 检查答案。能够找到正确的加法、减法规律，并且该规律和数列相匹配。

拓展运用

1 a 加5，减1
　　b 减2，加3

2 a

| 1 | 2 | 5 | 6 | 9 | 10 | 13 | 14 | 17 | 18 |

b

| 56 | 54 | 51 | 49 | 46 | 44 | 41 | 39 | 36 | 34 |

3 检查答案。能够设计合理的双重规律，并正确使用这些规律来完成数列。

4.2 解决问题

趣味学习

a 7 + ⬚5 = 12

b 19 − ⬚4 = 15

拓展运用

1 a

0　¼　2/4　3/4　1　1¼　1 2/4　1 3/4　2

b

0　1/5　2/5　3/5　4/5　1　1 1/5　1 2/5　1 3/5　1 4/5　2

c

0　1/8　2/8　3/8　4/8　5/8　6/8　7/8　1　1 1/8　1 2/8　1 3/8　1 4/8　1 5/8　1 6/8　1 7/8　2

2 a 5　　　　　**b** 1/5

c

0　1/5　2/5　3/5　4/5　1

d 1 1/5　　**e** 5/5

第3单元　货　币
3.1 货　币

趣味学习

检查答案。一些可能的组合如下：

　a 3个5角，1个1元和1个5角，2个5角和5个1角

　b 2个1元，1个1元和2个5角，4个5角

　c 2个1元和1个5角，1个1元和3个5角，5个5角

独立练习

1 a 3个1元　　　　**b** 3个5角
　c 1个1元，2个1角　　**d** 2个1元，1个1角

2 检查答案。

　a 3个硬币：1个1元，2个1角

　b 2个硬币：1个1元，1个5角

　c 6个硬币：5个1元，1个1角

　d 6个硬币：1个1元，1个5角，4个1角

　e 3个硬币：2个1元，1个5角

　f 4个硬币：1个5角，3个1角

3 a 1.50元　　　**b** 3.25元
　c 4.10元　　　**d** 2.95元

4 a 0.80元　　　**b** 0元
　c 0.35元　　　**d** 0.30元

拓展运用

1 a 20分　　**b** 70分　　**c** 45分
　d 1.05元　**e** 1.80元　**f** 3.00元

2 a 8.10元

　b 检查答案。能够精准计算钱数并且达到总金额要求。

　c 她不会收到任何找零。因为玩具的总钱数估算后是8.10元，刚好是她所有的钱。

第4单元　规律和代数
4.1 数列规律

趣味学习

a

| 3 | 8 | 13 | 18 | 23 | 28 | 33 | 38 | 43 | 48 | 53 |

b

| 54 | 51 | 48 | 45 | 42 | 39 | 36 | 33 | 30 | 27 | 24 |

c

| 6 | 12 | 18 | 24 | 30 | 36 | 42 | 48 | 54 | 60 | 66 |

d

| 65 | 61 | 57 | 53 | 49 | 45 | 41 | 37 | 33 | 29 | 25 |

e

| 24 | 34 | 44 | 54 | 64 | 74 | 84 | 94 | 104 | 114 | 124 |

独立练习

1 a

| 3 | 13 | 23 | 33 | 43 | 53 | 63 | 73 |

加10

b

| 90 | 85 | 80 | 75 | 70 | 65 | 60 | 55 |

减5

c

| 4 | 11 | 18 | 25 | 32 | 39 | 46 | 53 |

加7

2 a

输入	输出
52	48
36	32
44	40
28	24

减4

b

输入	输出
13	11
31	29
5	3
47	45

减2

c

输入	输出
19	27
44	52
62	70
53	61

加8

c $10 + \boxed{8} = 18$

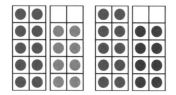

d $16 - \boxed{7} = 9$

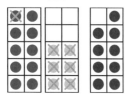

e $17 = \boxed{3} + 14$

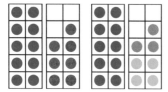

f $16 = 19 - \boxed{3}$

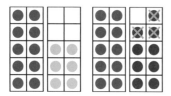

独立练习

1 a 4   **b** 2   **c** 8   **d** 15
   e 20   **f** 20

2 a +   **b** +   **c** −   **d** +
   e −   **f** −   **g** −   **h** +

3 接受能够得到正确答案的合理回答。最有可能的答案如下：

   a $46 + 19 = 65$（个）

   b $84 - 32 = 52$（个）

   c $74.00 - 49.00 = 25.00$（元）

   d $42 + 14 + 28 = 84$（页）

   e $200.00 - 153.00 = 47.00$（元）

   f $100 - 32 - 41 = 27$（个）或
     $32 + 41 = 73$（个），
     $100 - 73 = 27$（个）

拓展运用

1 a 295步   **b** 代娜
   c 34步   **d** 坦迈和乔纳斯
   e 42步

2 a 错   **b** 对
   c 对   **d** 对
   e 对

第5单元　测量单位
5.1 长度和面积

趣味学习

1 a 5   **b** 13
   c 3   **d** 8

2 a 铅笔   **b** 回形针   **c** 火柴

独立练习

1 a-b 检查答案。能够做出合理估测，并且能够准确测量物体的长度。

2 最有可能的答案列在了下方。如果孩子能够证明自己的答案，也是可以的。例如："我会用厘米来测量篮球场，因为它必须是精确的长度。"

   a 米   **b** 厘米   **c** 米
   d 米   **e** 厘米   **f** 厘米

3 a 13cm   **b** 5m
   c 12cm   **d** 6m

趣味学习

1 a 4   **b** 12   **c** 8
   d 8   **e** 2   **f** 6

2 a b   **b** e

3 c 和 d

独立练习

1 a-d 检查答案。能够根据要求准确地画出图形，并对面积的基本概念有正确的理解。

2 47

3 a 检查答案。   **b** 36
   c 6   **d** 42

拓展运用

1 鉴于毫米是一个非常小的测量单位，允许答案出现1mm左右的误差。

   a 45   **b** 31   **c** 6
   d 10   **e** 22   **f** 17

2 a 6   **b** 15   **c** 2
   d 9

3 4

5.2 体积和容积

趣味学习

   a 4, 4   **b** 5, 5
   c 11, 11   **d** 9, 9
   e 12, 12   **f** 6, 6

独立练习

1 a 2; 6; 12   **b** 3; 4; 12
   c 3; 8; 24

2 a 绿色   **b** 蓝色　粉色
   c 12cm³

趣味学习

   a B, E
   b A, F, G
   c C, D
   d F
   e B

独立练习

1 a A和C

   b C和D, C和F, C和G, D和G

   c 680mL

   d 1100mL或1L 100mL

2 a-c 检查答案。能够正确估测与1L有关的容器，然后准确地测量，以检查每个容器的容积是大于1L还是小于1L。

拓展运用

1~2 检查答案。能够正确理解体积概念，并且能够根据给定条件去组装物体。

3 a-b 检查答案。能够以毫升为容积单位准确估测容器的容积。也应该能用测量仪器精准测量容器的容积，例如量杯。

   c-d 正确理解容积，并且能够识别最大容积的容器和最小容积的容器。

5.3 质　量

趣味学习

1 a C E A B F D
   b E A B C F D

2 a 大象
   b 1元硬币

独立练习

1 a-b 检查答案。根据要求，自己动手做一做，写一写。

   c 检查答案。能够合理估测1kg物品的质量，并使用盘式天平检验估测的正确性。

   d 答案取决于选择的物品。能够使用盘式天平检查物品的质量。

2 a-b 检查答案。根据要求，自己动手做一做，写一写。

   c-d 检查答案。能够合理估测500g物品的质量，并用盘式天平准确检验估测的正确性以及圈得是否正确。

3 a-c 理解质量平衡的概念，并且可以根据初始估测，来判断可能有多少个物品才能使得天平平衡。

4 a 2个   **b** 5个
   c 10个   **d** 20个
   e 15个   **f** 25个

拓展运用

1 **a** 2kg   **b** 4kg
   c 200g   **d** 500g

2 **a** 250   **b** 2
   c 20   **d** 125

3 **a** $1\frac{3}{4}$ 千克或1千克750克

   b 105克

   c 125克

   d $1\frac{7}{8}$ 千克或1千克875克

5.4 时 间

趣味学习

   b 4时40分   4：40

   c 1时30分   1：30

   d 9时51分   9：51

   e 6时43分   6：43

   f 11时19分   11：19

独立练习

1 **a**    **b**

   c    **d**

   e    **f**

2 **a**

b

c

3 **a**   **b**

   c   **d**

   e   **f**

4 **a** 10分   **b** 5分
   c 20分   **d** 60分或1小时

5 **a** 60分   **b** 120分
   c 30分   **d** 90分
   e 15分   **f** 45分

6 **a** 60秒   **b** 120秒
   c 300秒   **d** 600秒
   e 210秒   **f** 630秒

拓展运用

1 **a**

   b 7:57   **c** 7时57分

2 **a**

   b 5:22   **c** 5时22分

3 **a** 4分   **b** 32分
   c 60分   **d** 44分

4 **a** 3分
   b 78分
   c 718分

第6单元 图 形
6.1 平面图形

趣味学习

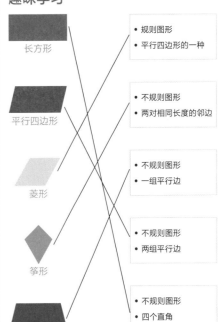

独立练习

1 很多情况下，给图形命名的答案有很多。例如：
正方形也是长方形或平行四边形。最有可能的
答案如下所示：

   a   正六边形   平行边：是
       规则：是   边的数量：6

   b   菱形   平行边：是
       规则：是   边的数量：4

   c   五边形   平行边：否
       规则：否   边的数量：5

   d   六边形   平行边：是
       规则：否   边的数量：6

   e   等边三角形   平行边：否
       规则：是   边的数量：3

2 和第1题一样，可以有多种描述。

　　a 正五边形；5条边，所有边都相等，没有平行边。

　　b 梯形；4条边，四边形的一种，一组平行边。

　　c 直角三角形；1个直角，没有边相等，没有平行边。

　　d 八边形；8条边，不规则，8个顶点。

　　e 八边形；8条边，不规则，一组平行边。

拓展运用

1 每个图形会有不同的分割方式，最有可能的情况如下图所示：

　　a 2个梯形

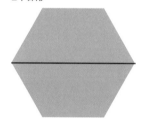

　　b 长方形，三角形

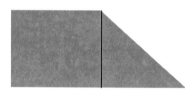

　　c 2个长方形

　　d 三角形，梯形

2 **a-b** 检查答案。能够将图形组合成新多边形即可。

3 能够正确命名，并且在标准范围内描述新图形。

6.2 立体图形

趣味学习

1

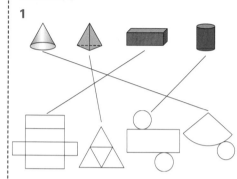

圆柱　　棱柱　　球体　　锥体　　圆锥

| • 以多边形为底 • 其他所有面都是三角形 | • 非常圆的立体图形 | • 以圆为底并且顶端是一个点的物体 | • 有两个相同形状的平行面 • 其他所有面都是长方形 | • 有两个圆形底面和一个曲面的物体 |

2

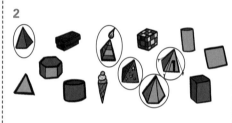

独立练习

1 **a** A, C, D, G

　　b D, C

　　　　G, A

　　c 检查答案。在绘画立体图形时能够合理尝试，并能用大小一样的正方形组装成正方体。

　　d 立方体

2 **a**

　　b

　　c

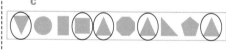

　　d

3 **a-d** 检查答案。能够根据图形的性质确定其相同点和不同点，比如面的形状或棱的数量。不要找外观的不同点，比如颜色。

拓展运用

1

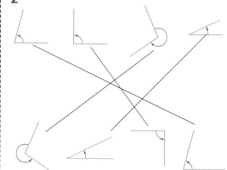

2 **a** 检查答案。理解棱柱，并能够确定自己画的物体形状。

　　b 检查答案。能够根据棱柱的棱的数量准确命名。

　　c 检查答案。对立体图形的特征理解扎实，并能结合草图准确描述。

第7单元　几何推理
7.1 角

趣味学习

a 更小	**b** 更小
c 更大	**d** 更小
e 更大	**f** 更大

独立练习

1 检查答案。对直角有正确的理解，并能在家里准确找到包含直角的物体。

2 被圈出的图形：a, e, f

3 **a** 4　　　**b** 1　　　**c** 0

4 **a** A, E　　**b** C, D　　**c** B, F

5 **a-c** 检查答案。能够理解角表示什么，并且能够和直角比较，对角的大小进行分类。

拓展运用

1 **a-b** 检查答案。能够应用角的知识，将家里的角选出并分类。

2

趣味学习

a	轴对称	b	轴对称
c	非轴对称	d	非轴对称
e	非轴对称	f	轴对称

独立练习

1 在某些情况下，答案可能不唯一。最有可能的答案如下方所示。

a

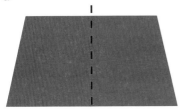

b

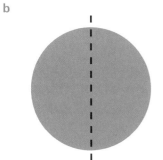

c

d

e

f

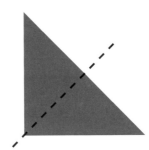

2 有的图形有两条以上的对称轴。最有可能的回答如下方所示，其他正确的答案也是可以的。

a

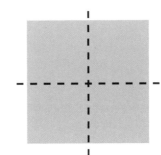

b

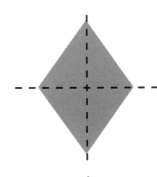

c

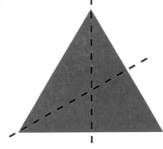

d

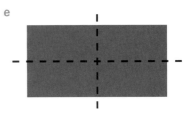

e

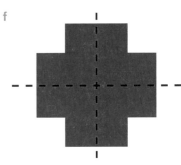

f

3 a 图形c

  b 图形a, f

4 a-b 检查答案。能够在日常环境中辨识轴对称图形，并对具有代表性的轴对称图形及其对称轴有所理解。

5 应该圈出图形a, c和d。

拓展运用

1 检查答案。能应用对称知识画出具有水平对称轴或竖直对称轴的简单图形。

2 检查答案。能够理解对称轴能将图形分成两半，其中一半是另一半的镜像。

8.2 平移和旋转

趣味学习

   a 平移   **b** 平移

   c 旋转   **d** 旋转

独立练习

1 **a**

   b

   c

   d

   e

2 **a-b** 检查答案。能够利用平移和旋转设计自己的图案，并能够准确识别规律。

3 **a** 翻转

   b 平移

   c 旋转

4 **a-b** 检查答案。在日常生活中有转化意识，并能够准确写出图案的转化规律。

拓展运用

1 **a-d** 答案不唯一。孩子能找出翻转、旋转和平移部分，言之有理即可。

2 自己动手试一试。

8.3 网格和地图

趣味学习

   a 袋熊   **b** 野狗

   c 鸟   **d** 鳄鱼

   e 鸭嘴兽   **f** 考拉

独立练习

1

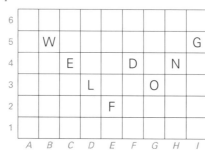

2 **a** *B*1

   b *A*2

   c *D*2和*E*2

   d *A*4，*A*5，*B*4和*B*5

   e *F*1和*F*2

   f *D*4和*D*5

3 **a** 长颈鹿路和老虎街

   b 猫路和鱼路

4 **f** 答案有很多种。例如，在购物中心的外面，在狗路和山羊街的交叉处，在游泳馆的对面。

5 检查答案。能够使用表示方向的语言来准确描述已给地点之间的路线。

拓展运用

1 检查答案。能够应用所学知识来表示地图位置，并结合特征，比如小路、建筑和树，制作一张合理、精准的地图。

2 检查答案。能够理解方向类的语言，并根据地图制定准确的路线。

3 **a** *B*5，*C*1和*E*4

   b *E*3

   c *E*1

   d *C*3

第9单元 数据的表示和分析
9.1 数据收集

趣味学习

1

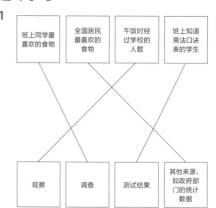

2 **a-c** 答案有很多种。

独立练习

1 **a** 答案有多种。回答的结果能被分类的问题都可以。例如："你最大的喜好是什么？""你有什么喜好吗？"

   b 检查答案。能够将数据成功分类，并能够确记录同学的回答。

2 应该圈出的是问题c。

3 检查答案。在表格中准确记录5种回答。

4

颜色	数 量
蓝色	‖‖‖
红色	卌
绿色	‖
粉色	‖

5 **a** 检查答案。能够提出适当的调查问题，以便答案能够被分类。例如问"你最喜欢的动物是什么？"而不是"你最喜欢的动物是什么样子的？"

   b 检查答案。能够准确记录12种回答。

   c 检查答案。能够使用适当的方法分类数据，并能准确地把数据转化到表格中。

拓展运用

1 **a** 图形的边数。

   b 观察

2 **a** 检查答案。选择一项可以通过观察来轻松分类数据的任务。例如，调查班里戴眼镜的学生人数。

   b 检查答案。能适当分类数据，并且以表格的方式准确呈现数据。

9.2 统计图

趣味学习

- **a** 三年级P班学生最喜欢的汽水口味
- **b** 口味
- **c** 学生人数
- **d** 4种
- **e** 8
- **f** 柠檬

独立练习

1 **a**

三年级S班学生一周中最喜欢的一天

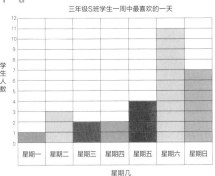

- **b** 星期六
- **c** 星期一
- **d** 星期几
- **e** 学生人数
- **f** 11

2 **a-b** 检查答案。能够准确收集和记录数据，并且能够把数据转化成象形统计图。

c-d 检查答案。能够根据数据得出简单结论。

3

我在哪儿出生

	国家			
	意大利	新西兰	澳大利亚	越南
人数	I	IIII	IIIII IIII	II

拓展运用

a-c 检查答案。能够用表格、象形统计图和条形统计图的形式表示数据，并准确地描述每个统计图中的数据。

d 检查答案。孩子很有可能会用到的标题是"3年级N班学生在各自家族中的出生顺序"。只要是能够准确反映数据的标题都是可以的，条形统计图 y 轴和象形统计图的标签名称应该明确表示为学生数量，而条形统计图 x 轴的标签名称应该为"在家族中的出生顺序"或类似的标签名称。

e 答案不唯一。能够用统计的语言去验证自己的选择。例如，条形统计图 y 轴上的数据可以让你很容易地看出每类的人数，或象形统计图中的数据可以让你快速了解结果。

9.3 数据分析

趣味学习

- **a** 有趣
- **b** 快乐
- **c** 难
- **d** 无聊，挑战
- **e** 26名

独立练习

1 **a** 7

- **b** 饼干
- **c** 答案不唯一。例如，蛋糕或胡萝卜条。

2 通过比较数据的不同部分进行更深入的研究。可以比较一类相对于另一类的结果，或汇总数据，比如，有多少学生接受了调查或两个最喜欢的回答的总数。

3 **a** 最有可能的回答是标签名称和数量（单位刻度），其他观察到的合理答案也是可以的。

b 检查答案。象形统计图提供了可视化的数据，但当我们需要知道数量的时候就很麻烦，因为只能一个一个地数。

c 检查答案。当我们需要知道具体数量的时候，条形统计图就特别有用。特别是包含大数据的时候，我们可以利用单位刻度快速找到每类的数量。

d 检查答案。能够准确解读数据，并且根据它推导结论。

e 8个

f 19个

拓展运用

1 **a** 检查答案。能够选择合适的主题，并结合调查提出合理的问题。

b 检查答案。使用适当方法准确记录调查得到的回答。

c 检查答案。能够绘制条形统计图或象形统计图，并且统计图能够精准反映收集到的数据。

d 检查答案。能够根据数据推导出结论。更复杂的回答可能涉及汇总或比较数据中的变量。

9.4 图 表

趣味学习

a

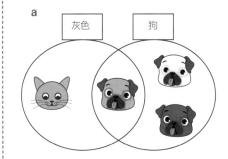

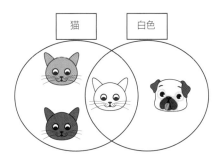

b

	猫	狗
白色		
非白色		

	灰色	非灰色
猫		
狗		

独立练习

1 **a**

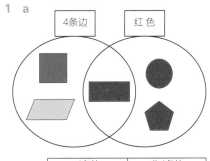

	4条边	非4条边
蓝色		
非蓝色		

b 正五边形和圆

c 长方形

2

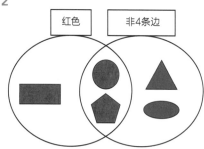

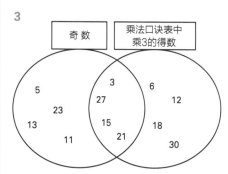

3

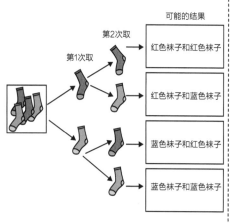

4 **a** $\frac{1}{4}$

 b $\frac{1}{2}$

5 **a**

第1次取　第2次取　可能的结果

红色袜子和红色袜子

红色袜子和蓝色袜子

蓝色袜子和红色袜子

蓝色袜子和蓝色袜子

b 圈出"和得到一双红色的相同"。

c $\frac{1}{4}$

d 答案有很多种。最有可能的回答是取出一双颜色不同的袜子有两种情况，而取出一双蓝色袜子只有一种情况。

拓展运用

1 **a**

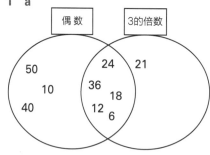

偶 数　3的倍数

50　24　21

10　36

40　18

12

6

	5的倍数	3的倍数
2的倍数	50　10　40	24　36　18　6　12
7的倍数	35	21

b 答案有多种，例如30。

c 答案有多种，例如42。

2 **a**

红色帽子

蓝色帽子

黄色帽子

b 9种

c 每个类型的帽子数量很有可能是相同的，因此红色带花的帽子可能是36÷9=4（顶）。

第10单元　可能性
10.1 可能性事件

趣味学习

a-b 检查答案。选择任意口味或配料都是可以的。可能出现以下情况：

口味1搭配配料1，口味2搭配配料1，口味3搭配配料1，口味1搭配配料2，口味2搭配配料2，口味3搭配配料2

c 6种

独立练习

1 **a** 红色和蓝色，红色和绿色，红色和黄色，蓝色和绿色，蓝色和黄色，绿色和黄色

 b 会

 c 红色和蓝色，红色和绿色，红色和黄色，红色和紫色，蓝色和绿色，蓝色和黄色，蓝色和紫色，绿色和黄色，绿色和紫色，黄色和紫色

 d 10种

 e 不大可能

 f 不可能

2 **a** 4种

 b **i** $\frac{1}{2}$　　**ii** $\frac{1}{8}$

 iii 0　　**iv** $\frac{1}{4}$

 c 红色

 d 蓝色和绿色

3 **a-d** 涂色满足要求：绿色区域比其他颜色多，蓝色区域比其他颜色少，没有黄色区域，红色区域比蓝色区域多。

4 **a** 2种　　**b** 4种

5 答案不唯一。例如，当大家意见不同的时候，用投掷硬币的方法来做简单决策是一种公平的方式。

拓展运用

1 **a** 6种

 b 红色，蓝色，粉色
 红色，粉色，蓝色
 蓝色，粉色，红色
 蓝色，红色，粉色
 粉色，红色，蓝色
 粉色，蓝色，红色

2 检查答案。理解可能性，并且能够将它们准确应用到具体的情况中。

趣味学习

a 能够合理预测,并且能够适当证明自己的答案。

b 自己动手试一试,能够准确记录结果。

c 根据实际情况回答。

d 能够意识到可能性在实验中的意义,并且能用推理的方法来证明为什么结果可能和预期不一样。

独立练习

1 a 检查答案。能够准确记录6次结果。

b 检查答案。理解可能性的随机性,并能够用概率相关的语言表达观点。

c 检查答案。能够准确记录6次结果。

d 检查答案。在比较数据的时候,能够把重心放在可能性因素上,并且能理解骰子每次可能掷出不同的数。

e 检查答案。能够理解在随机实验中很难准确预测。

f 检查答案。了解使用10面骰子比使用6面骰子时,每个数被投掷出的可能性更小。

2 a 正面 反面

b 反面/反面,反面/正面,正面/反面,正面/正面

c 检查答案。能够准确记录20次结果。

d 检查答案。能够准确解释结果,以确定出现次数最多的结果。

e 检查答案。能够准确解释结果,以确定出现次数最少的结果。

f 理想的回答是"不一样"。能够理解可能性在结果中的作用,并因此认识到自己和其他人的结果会所有差异。

g 检查答案。能够明白随机的意思是两次实验的结果可能不太一样。

3 答案有很多种。最有可能圈出的是"抽奖中奖"和"感冒"。然而,如果孩子能够充分证明选择是合理的,也是可以的。例如,拼写测试能否取得满分会受到测试单词的影响。

拓展运用

a 检查答案。能意识到随机性会影响到哪个颜色被取出,因此很难精准预测颜色。

b 检查答案。能够准确记录25次结果。

c 检查答案。能够把随机实验的结果准确转化到图表中。

d 检查答案。能够用可能性的语言准确解释结果。